솔뫼 성지 바오로 신부의 산티아고 성지 순례

나는 가야만 한다

오늘도 내일도 그다음 날도

하느님과
이웃과
자신을 만나는
순례는
은총입니다

요즘 산티아고 순례를 다녀오는 사람이 많습니다.

저에게도 기회가 주어진다면 꼭 걷고 싶은 순례 길이기에 두 차례나 순례 길을 걸으신 신부님이 매우 부럽습니다.

중세 때부터 수많은 순례자가 하느님 뜻에 따라 선교하고 순교했던 야고보 사도의 정신을 기리는 순례 길이기에, 그 길이 사랑을 받는다는 것은 매우 기쁜 일입니다. 하지만 한편으로는 그 숭고하고 의미 있는 길을 순례로서가 아니라 너도나도 유행처럼 걷는 것 같아 안타까운 마음이 들기도 합니다.

이 책을 쓴 이용호 신부님은 산티아고 순례가 무엇인지를 보여 주는 모범적인 순례를 다녀오셨기에 자랑스러운 마음입니다. 그는 평생 한 번도 어렵다는 산티아고 길을 두 번이나 순례하며 고행을 자초했고, 기도로써 그 고행을 은총으로 바꾸었습니다.

이용호 신부님은 우리 대전교구의 보물처럼 여기는 솔뫼 성지를 전담하는 사제입니다. 솔뫼 성지는 성 김대건 신부님의 탄생지이자 김대건 신부님의 증조부 김진후(1814년 순교), 종조부 김종한(1816년 순교), 부친 김제준(1839년 순교) 그리고 김대건 신부님(1846년 순교)에 이르기까지 4대의 순교자가 사셨던 곳입니다. 이용호 신부님은 이런 성지를 전담하는 사제답게 누구보다 열심히 성지를 가꾸며 순교자들의 삶을 기리며 살고 있습니다.

이처럼 귀한 성지를 담당하는 신부가 야고보 사도와 순교자들을 본받기 위해 걸었던 성지 순례 길, 성지 신부가 겪은 성지 순례! 그러기에 그의 산티아고 순례는 더더욱 의미가 있습니다. 신부님의 성지 순례기가 온전히 담긴 이 책에서 일반 사람들은 지나치기 쉬운 솔직한 자기 성찰과 고백, 침묵의 영성, 이웃을 위한 기도, 순례자의 마음이 흠뻑 배어 있음을 느낍니다.

제가 비록 산티아고 순례를 하지 못했지만, 이 책을 통해 그 길을 걸으며 아파하고 기도하고 감격하고 묵상하며 주님을 만났습니다. 산티아고 순례길을 두 번이나 걸은 이용호 신부님이 이 책으로 저를 감동시켰듯이, 앞으로 솔뫼 성지를 어떻게 하느님을 만나는 은총의 장소로 바꿀 것인지, 그리고 찾아오는 순례자들을 어떻게 변화시킬 것인지에 대한 기대도 새롭게 가져 봅니다.

이 순례기는 우리 가톨릭 신자는 물론이고 산티아고 순례를 준비하는 이들, 순례 길에는 오르지 못하지만 영적인 순례를 떠나고자 하는 모든 이에게 매우 의미 있는 길잡이가 되리라 확신하기에 많은 분이 읽으시기를 추천합니다.

유흥식 라자로 주교
대전교구장

十 유흥식 라자로

차 례

산티아고 순례를 떠나기 전에

우리 다 그분 앞에서
복되게 살리라.
그리운 주님 찾아 나서자.
어김없이 동터 오는
새벽처럼 그는 오시고
단비가 내리듯
봄비가 촉촉이 뿌리듯
그렇게 오시리라.

호세 6,2-3

산티아고
Santiago

'산티아고'(Santiago)는 스페인의 수호성인으로, 예수님의 열두 제자 중 하나인 성 야고보를 뜻하는 스페인어다. 제베대오의 아들이며 사도 요한의 형인 성 야고보는 예수에게 부름을 받기 전까지 갈릴래아 출신의 어부였다. 그는 예수가 십자가형에 처해진 후 "세상 끝까지 복음을 전하라"는 예수님의 유언과 같은 말씀을 실천하기 위해 스페인 갈리시아(Galicia) 지방의 세상 끝(피니스테레, Finisterre) 마을, 대서양이 바라보이는 곳까지 복음을 전하였고, 스페인 북서부에 있는 파드론(Padrón)에서 선교 활동을 했다고 전해진다. 그 후 42년경 예루살렘으로 돌아갔으나 44년 헤로데 왕에게 참수를 당해 사도로서는 첫 번째로 순교하였다(사도 12,1-2 참조).

순교 후 그의 유해는 스페인 북서부 갈리시아 지방으로 옮겨져 모셔졌고, 후일 이곳에 그를 기리는 성당이 세워지면서 '산티아고 데 콤포스텔라'(Santiago de Compostela)라는 도시가 형성되었다. 성 야고보의 무덤이 있다고 알려지면서 중세 시대부터 이곳을 향한 성지 순례가 이어졌고, 이 도시는 이스라엘의 예루살렘, 로마 바티칸과 더불어 가톨릭 3대성지 순례지 중 하나가 되었다.

빛의 길이라는 길이 있습니다.
누가 이 길을 따라 목적지까지 이르고 싶어 한다면 자기 생활로써 노력해 나가야 합니다.
—

바르나바 사도가 쓴 편지 중에서

산티아고 데 콤포스텔라
Santiago de Compostela

산티아고 데 콤포스텔라(Santiago de Compostela)는 스페인 갈리시아 지방의 중심지이자 유네스코 세계유산으로 선정된 도시로, 스페인 북서부의 라 코루냐(La Coruña) 주에 위치하고 있으며 2000년에 유럽 문화 수도로 선정되었다.

전설에 따르면 성 야고보의 제자들은 성 야고보가 순교하자 그의 시신을 수습하여 돌로 만든 배에 싣고, 천사의 도움을 받아 스페인 북서쪽으로 향했다고 한다. 배는 풍랑을 만나 파드론 지역에 도착했고, 성 야고보의 두 제자인 테오도로와 아타나시오는 루파 여왕의 도움으로 '세상의 끝'에 유해를 묻었다고 한다. 그러나 이 이야기는 역사의 뒤안길로 세월의 흐름 속에 점차 묻히게 되었다.

진리는 구름에 덮인 역사의 흐름까지도 바꾸어 놓는다고 했던가? 덮여 있던 어둠은 오랜 시간이 지난 뒤에 빛으로 드러나게 되었다.

813년에 이르러 펠라요(Pelayo)라는 수도자가 어느 날 밤 유난히도 밝은 별빛에 이끌려 리브레돈(Libredon) 들판으로 나왔는데, 밝게 빛나는 한 무리의 별빛이 어느 곳을 비추고 있었다. 바로 거기에서 유골을 발견하고 그곳이 성 야고보가 묻힌 곳임을 알게 되었다.

이때부터 이곳은 '별이 비춘 벌판', 성 야고보(Sant Iago)가 있는 별(stella)

들의 들판(compus)이라 불리게 됐고, 이것이 현재의 '산티아고 데 콤포스텔라'
다. 어떤 이들은 이 지명이 '매장'을 뜻하는 라틴어 동사 '콤포네레'(componere)
에서 유래했다고 하는 이들도 있다.

이 소식은 점차 유럽 전역으로 확대되었고, 당시 파드론의 주교였던 테오
도미루스(Theodomirus)는 이 소식을 듣고 교황 칼리스도 2세(Callistus Ⅱ, 재위
1119~1124년)에게 보고한다. 교황은 발견된 유골을 성 야고보의 것으로 공인
하고 축복하였다.

그 후 십자군이 무너시고 예루살렘 성지 순례가 위험해져 예루살렘을 방문
할 수 없게 되자, 산티아고 데 콤포스텔라 순례의 중요성이 점점 더 커지기
시작했다. 중세에는 수만 명의 순례자들이 매년 이 위험한 순례 여정의 고통
을 감내했다.

이 길을 걸으며 순례자들은 많은 체험을 하였다. 그리고 순례자들을 통
해 전해진 갖가지 기적 이야기와 이곳의 오래된 문화와 역사는, 이곳 산티아
고를 더욱 중요하고 인기 있는 장소로 만들었다.

카미노 Camino,
카미노 데 산티아고 Camino de Santiago

카미노(Camino)는 스페인어로 '길'이라는 뜻이다. 또한 스페인의 여러 지역이나 프랑스, 스위스, 포르투갈 등 유럽에서 출발하여 스페인 북부 지역을 가로질러 스페인 북서부에 있는 '산티아고 데 콤포스텔라 대성당'(Caedral de Santiago de Compostela)까지 순례하는 길, '카미노 데 산티아고'(Camino de Santiago)를 말하기도 한다. 이 순례 길은 중세부터 지금까지 천 년 동안 이어져 왔다. 교황 알렉산데르 3세(Alexander III, 재위 1159~1181년)는 1189년 산티아고 데 콤포스텔라를 로마, 예루살렘과 함께 가톨릭 성지로 선언하였다. 또한 교황은 칙령을 발표하여 성스러운 해(산티아고의 축일인 7월 25일이 일요일이 되는 해)에 산티아고 데 콤포스텔라에 도착하는 순례자는 그동안 지은 죄를 완전히 속죄 받고, 다른 해에 도착한 순례자는 지은 죄의 절반을 속죄 받는다고 대사를 선언했다.

　이를 계기로 순례자들의 수는 12~13세기에 가장 많이 증가해 이 시기에만 약 50만 명 정도의 순례자들이 이 길을 걸었으며, 이때 순례 길을 따라 수많은 도시와 마을이 생겨났다. 이후 산티아고 순례는 1982년에 교황 요한 바오로 2세(John Paul II, 1920~2005년)가 교황으로서는 처음으로 산티아고 데 콤포스텔라를 방문하면서 가톨릭 신자들이 더 많이 찾기 시작했다. 또한 1987년에 EU가 카미노를 유럽의 문화 유적으로 지정하고, 1993년 유네스코가 카미노를 세계 문화유산에 추가하면서 순례자들이 증가하기 시작했다.

산티아고 데 콤포스텔라 대성당은 알폰소 6세(Alfonso VI, 1040~1109년) 황제가 통치하던 1075년에 짓기 시작해 1211년에 완공, 축성되었다. 산티아고 데 콤포스텔라 대성당은 피레네 산맥을 넘어 스페인의 갈리시아로 이어지는 그리스도교 순례길을 따라 퍼져 있는 많은 순례자 성당 중 가장 마지막에 있는 성당이다. 9세기부터 현재까지 산티아고 데 콤포스텔라 순례길로 불리는 유명한 성지 순례의 목적지이기도 하다.

이 대성당에는 성 야고보의 유해가 안치되어 있다. 과거에는 각자의 집 앞에서 출발해 대성당까지 걸어가는 순례의 길이었다. 이 길을 걷는 사람들을 '순례자'라고 부른다.

대성당까지의 순례 길은 여러 개가 있으며, 유럽 전역에 뻗어 있다. 그중 가장 많은 사람이 선택하는 길은 프랑스 남부 피레네 산맥에 위치한 생 장 피 드 포르(Saint Jean Pied de Port)에서 출발하여 산티아고까지 가는 800Km 여정의 '프랑스 길'(Camino Frances)이다. 필자가 두 번 걸은 길 역시 이 프랑스 길이다. 프랑스 길은 유럽의 문화와 역사에 빠져들게 한다.

'롤랑의 노래'(La Chanson de Roland)의 배경인 론세스바예스(Ronces-valles), 로마네스크 양식으로 지어진 푸엔테 라 레이나(Puente la Reina) 다리, 레온 대성당(Catedral de las Léon)의 스테인드글라스, 고대 켈트족의 전통 가옥 파요사 등이 길목마다 순례자를 맞는다.

Monte do Gozo (5)
Santiago, de Compostela

Arca (19)
Arzúa (38)
Melide (54-52)
Palas de Rei (67-66)
Portomarín (89)
Ferreiros (98)
Sarria (112-110)
Triacastela (131)
Cebreiro (152)
Vega de Valcarce (165)
Villafranca del Bierzo (180)
19
Ponferrada (202-199)
31
Rabanal (233)
19
Astorga (254-252)
15
Orbigo (269)
31
León (304-300)
16
Mansilla de las Mulas (320)
20
El Burgo Ranero (340)
15
Sahagún (357-355)
26
Cervatos (383)
17
Carrión de los Condes (395)
18
Frómista (413)
24
Castrojeriz (439-437)
11

Arroyo Sambol (450)
Burgos (481-475)
S. Juan de Ortega (502)
Belorado (526)
Sto. Domingo de la Calzada (548)
Nájera (572)
Logroño (600-597)
Los Arcos (627)
Estrella (648)
Puente la Reina (672)
28
Monreal (700)
30
Sangüesa (730)
34
Artieda (764)

25
21
24
22
24
25
27
21
24

Pamplona (693)
43
Roncesvalles (737)
27 St-Jean-Pied-de-Port
(Saint-Michel) (764)

Camino Francés

42

Jaca (806)
19
Canfranc (825)
11
Somport (836)
16 Borce (852)

ACCUEIL ST-JACQUES
39, rue de la Citadelle
Saint-Jean-Pied-de-Port
☎ 05 59 37 05 09

Sarl. Imp. Basse-Navarre - St-Palais -

18

산티아고 순례를 떠나기 전에

오늘날 산티아고 순례길은 세계 각국에서 수많은 사람이 각기 다른 여러 이유로 걷고 있다. 종교적인 이유로 온 이도 있을 테고, 걷는 게 좋아서 찾는 이도 있고, 자신을 찾고자 조용히 떠나온 사람도 있고, 여러 나라 친구들을 사귀고자 하는 이도 있다. 그러나 어떤 이유에서 왔건 산티아고 순례길은 정확히 말해서 성지 순례길임을 잊지 말아야 한다.

천 년 전부터 신분과 빈부 모든 것에 관계없이 수많은 순례자가 목숨을 걸고 금욕하고 고행하며, 오직 하나 주님에 대한 열정으로 속죄와 치유를 받고자 이 길을 걸었다. 그러기에 눈에 닿는 대로 기념사진을 찍어 대고 맛있는 음식점을 찾아다니는 가벼운 일반적인 여행이나 관광이 되어서는 안 된다.

비록 가톨릭 신자가 아니더라도, 순례가 아닌 다른 목적으로 왔더라도, 이 길을 걸은 수많은 순례자의 피와 땀, 염원을 생각하며 경건하게 걷는 것은 당연한 예의다. 중세 시대 가톨릭 순례자들의 발길을 따라 성 야고보에게 경배를 드리고 신과 자신을 찾는 고행의 순례 길임을 명심하자.

그러므로 떠나기 전에 산티아고 관련 책들도 읽고, 성 야고보와 스페인의 역사, 순례 예절 정도는 공부하고 가면 좋을 것이다. 순례를 할 때 제일 중요한 것은 타인에 대한 존중과 배려다. 나와 타인의 순례에 방해되지 않도록 조심해야 한다.

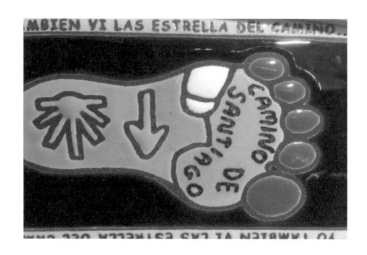

산티아고 순례 시
꼭 지켜야 할
순례 예절

순례 길에서

- 큰 소리로 대화하며 걷지 않기

- 여럿이 나란히 걸어 다른 순례자에게 방해되지 않기

- 다른 순례자에게 지나친 관심을 가지거나 간섭하지 않기

- 쓰레기를 함부로 버리지 않기

- 스틱은 꼭 콕을 끼워서 소리 나지 않게 사용하기

- 길을 걸으며 담배를 피우지 않기

- 카미노 표지판이나 화살표 등에 낙서하지 않기

- 체리나 포도 등 현지 농산물을 허락 없이 함부로 따 먹지 않기

- 순례하면서 먼저 부엔 카미노(Buen Camino, 좋은 순례), 그라시아스(Gracias, 고맙습니다) 등
  다른 순례자에게 먼저 인사하기

- 너무 한국 사람하고만 어울리거나, 반대로 한국 사람은 피하고 외국인들과만 어울리는
  행동은 삼가기

- 카미노에서는 모두 같은 순례자니 나이나 국적을 떠나 순례자로서 서로 존중하기

- 고국을 떠나왔다고 너무 자유로운 분위기에서 풀어져 사고 당하지 않도록 조심하기

성당에서

- 사진을 찍어도 되는지 아닌지를 확인하고 찍으며, 사진을 찍을 때는 먼저 양해를 구하기

- 가톨릭 신자가 아니라도 성당에서는 미사나 기도에 방해되지 않도록 침묵하기

- 성당에서는 예를 갖추고 성물이나 성화 등이 훼손되지 않도록 조심하기

숙소에서

- 혼자서 너무 오랫동안 주방을 차지하지 않기

- 사용한 식기는 깨끗이 씻기

- 술은 가볍게 적당히 마시기

- 다른 순례자의 수면에 방해되지 않도록 시끄럽게 떠들지 않기

- 다른 순례자의 수면에 방해되지 않도록 늦게까지 스마트폰 사용하는 것을 자제하기

- 침대에서 물집 치료를 하거나 손톱, 발톱을 깎지 않기

- 순서를 지켜 샤워나 빨래를 하고, 세면장과 세탁장을 사용한 후에는 깨끗이 정리하기

- 아침에 일어나면 다른 순례자에게 방해되지 않도록 짐은 밖에 나가서 챙기기

the
second
chapter

길을 만나다

길 가는 나그네들아,
날 보고 생각하여라.

애가 1, 12

내적 공허감에서 시작한
산티아고 순례

마흔 중반, 사제 생활 15년째 되는 어느 날, 나도 모르게 우울해졌다. 열심히 살아왔다고 자부했는데….

돌이켜보면 참 바쁘게 쉼 없이 달려왔다. 때로는 학업으로, 때로는 성전 신축 공사장에서, 때로는 많은 순례자를 만나는 일로 정신없이 살아왔다. 일주일에 한 번 쉬는 날도 어떻게 쉬었는지 모르게 넘어갔고, 쉼은 내게 사치같이 느껴졌다. 그렇게 쉼 없이 사제 생활을 해 온 결과인가? '여러 가지 일을 잘해 왔는데 내가 왜 이러지?' 할 정도로 깊은 공허감이 다가왔다. 매일 바치는 기도 생활도 큰 문제가 없고, 어떤 일을 해도 잘할 수 있는데 왜 이렇게 공허감을 느끼는 것일까?

갈매못 성지에서 근 7년간 지내면서 성전도 하느님께 봉헌했고, 지금은 솔뫼 성지에서 성지 개발을 하며 잘 생활하고 있다고 생각했다. 그런데 외적인 일에만 매달려 온 시간 속에 누적된 내적 공허감이 이리 크단 말인가? 삶에 지친 것일까? 하지만 정작 문제는 이 주체할 수 없는 허전한 마음을 달랠 수가 없다는 점이다. 어떻게 해야 내 마음을 주님께로 모을 수 있을까?

'열정을 갖고 살아왔는데 쉼 없이 달려와서 그런가, 왜 이러지?' 스스로 물음을 던지던 중, 우연히 산티아고 순례 길을 다녀온 분을 만났다. 그분에게 홀로 머나먼 길을 다른 교통수단 없이 걷는 원초적 방식의 길이라는 말을 듣고 산티아고 순례 길이 흥미로운 순례 길이라는 생각이 들었다.

이렇게 작은 우연으로 산티아고 길을 만났다. 그리고 산티아고 순례를 마친 사람들의 책들을 접하게 되었고, 자료 조사도 했다. 산티아고 순례 길에 대해 조금씩 알게 되는 만큼 조금씩 젖어들었고, 내 마음의 작은 흥분은 이제 온몸의 파장으로 확산되었다.

예수님의 열두 제자 중 하나인 성 야고보가 "세상 끝까지 복음을 전하라"는 예수님의 말씀을 '있는 그대로' 실천하기 위해 걸었던 그 복음의 길을 이렇게 만나게 되었다. 그리고 2011년에 떠나 그 길을 걸었다.

그리고 첫 번째 순례를 하면서 내적 평화와 사제로서의 정체성을 깨닫게 되어 감사의 마음이 들었다. 그래서 훗날 반드시 다시 한 번 찾으리라고 생각했고 나 자신과의 약속을 지키기 위해 4년 후, 사제 서품 20주년을 앞둔 2015년에 다시 그 길을 걷게 되었다. 이번에 걸은 두 번째 길은 육체적 고통이 너무 컸기에 앞으로 다시는 걷지 않겠다고 생각했다. 그런데 정작 이 글을 정리하며 돌아온 길을 여러 차례 다시 보게 되니, '다시 한 번 기회가 된다면…'이라는 여운이 미소와 함께 내 마음과 몸을 감싸고 있다.

내 마음에
파장이 일다!

가톨릭교회 3대 성지가 있다. 첫 번째 성지는, 예수 그리스도가 태어나시고 활동하시고 십자가에 못 박혀 돌아가시고 묻히시고 부활하신 예루살렘이다. 두번 째 성지는 예수 그리스도의 첫 제자인 성 베드로와 이방인의 사도라 불린 성 바오로가 순교하신 로마다. 그리고 세 번째 성지가 바로 성 야고보가 복음을 전하러 걸어가시고 묻히신 산티아고 데 콤포스텔라다.

예루살렘 순례자들은 팔마 가지를 가지고 순례를 하였기에 '팔머'(palmers)라 하였고, 지팡이를 가지고 로마를 순례하는 순례자들은 '로메로'(romeros)라 불렀다. 산티아고로 향하는 순례자들은 스페인어로 순례자를 뜻하는 '페레그리노'(peregrino) 또는 산티아고 순례자들을 상징하는 조가비(콘차, concha)를 따서 '콘체이로스'(concheiros)라고 불렀다.

산티아고 길이 내 마음을 흔들고 있었다. 배낭에 조가비 하나 달랑 매달고 모자를 눌러 쓰고 지팡이에 몸을 의지한 채, 삶의 테두리를 벗어나 새로운 길을 향해 홀홀 나아간다는 것이 마음을 설레게 하였다.

모든 일에서 벗어나 모든 것을 잊어버리고, 지금까지 해 온 삶의 방식을 벗어 던진다는 일상의 탈출(exodus)이 나를 설렘과 새로운 기대감으로 초대하고 있었다.

아!
가고 싶다

산티아고에 가고 싶은 열망이 커짐에 따라 순례 여정 준비는 산티아고 길에 대한 갖가지 정보를 수집하는 것으로 시작되었다. 필요한 책들을 사서 읽고 예신도 짜 보고 순례 원칙도 세웠다. 가령 걷는 동안에는 '침묵 속에 홀로 걷기', '매일 묵주 기도 바치기와 미사 봉헌하기', '나 자신을 위한 기도와 내가 부탁 받은 기도들을 매일 지향을 두고 하느님께 봉헌하기' 등등.

내가 담당하고 있는 성지 일들을 다른 신부님에게 부탁하고, 주교님의 허락도 받았다. 날아갈 것만 같았다. 이처럼 기쁜 일이!

그런데 고갈된 내 체력이 문제였다. 30일 예정으로 걷는다면 10Kg이 넘는 배낭을 지고 하루에 늘 20~30Km를 걸어야 한다. 800Km에 해당하는 여정을 소화하기 위해서 미리 석 달 동안 매일 하루 한두 시간을 묵주 기도를 하며 밤마다 걸었다. 체력이 많이 좋아지고 살도 조금씩 빠지는 것을 느꼈다. 드디어 출발일이 되자 꼭 필요한 최소한의 소지품만을 배낭에 담고 산티아고 데 콤포스텔라로 향했다.

주여,
내 안에서 돌 같은 이 내 마음,
엉기고 낡아버린 이 내 마음을 빼내시고,
새롭고 부드러우며 티 없이 순수한 마음을 주소서.
마음들을 깨끗하게 하시고,
또 깨끗한 마음을 사랑하시는 분,
내 마음을 차지하시어 그 안에 거하소서.
내 마음을 담으시고 당신으로 채워 주소서.
―
켄터베리의 볼드윈 주교의 글 중에서

출발 선상에서 — 생 장 피 드 포르

Saint Jean Pied de Port

이제 나는 순례자가 되었다.

석 달 정도 준비를 했지만 막상 출발하는 날이 다가옴에 따라 '이거 괜히 시작한 것 아니야?' 하는 부정적인 생각과 초조함도 들었다. 성당에서 잠시 기도하고 새로운 삶을 위해 고해성사도 보았다. 내면을 깨끗이 정리하고 새롭게 돌아오고자 하는 마음에서였다. 한 번도 가 보지 않은 공간을 향해 시간을 내어 출발한다는 여행자의 설렘과 800Km에 이르는 길을 과연 걸을 수 있을까라는 두려움이 교차하는 가운데, 스페인어도 영어도 못 하지만 일에서 벗어나고 싶은 것만은 확실했기에 출발을 감행했다.

버스를 타고 인천 공항에 도착했다. 독수리 날개 쳐 오르듯 하늘을 향해 날아오른 비행기는 이틀 만에 어느덧 나를 생 장 피 드 포르에 내려놓았다.

'아 이제 혼자서 모든 것을 해야 하는구나' 하는 긴장감 속에 제일 먼저 가야 하는 곳이 순례자 협회 사무실이다. 순례자 협회에서 발행하는 순례자 여권인 크레덴시알(credential)을 발급 받기 위해서다. 이 여권에는 순례자의 나라와 성명, 순례하는 이유를 간단히 기록하게 되어 있다. 그리고 이 여권이 있어야 순례자 숙소에서 쉴 수 있고 식당에서 저렴한 가격의 순례자 메뉴를 푸짐하게 먹을 수 있다. 또한 순례하는 도시마다 찍어 주는 스탬프(stamp)들이 있어야 이 순례 길을 걸었다는 인증서를 마지막 목적지인 산티아고에서 발급해 주기 때문에 모든 순례자가 반드시 거쳐야 하는 곳이다. 순례자 여권

과 순례자를 상징하는 조가비를 받아, 순례자 여권은 비닐에 넣어 안내 책 사이에 넣고, 조가비는 배낭 뒤에 떨어지지 않도록 야무지게 매달았다. 순례 자가 갖추어야 할 외적인 채비가 비로소 완성된 것이다.

다음으로 할 일은 숙소를 정하는 것이다. 내일 아침 일찍 출발하기 위해 서 오늘 묵을 알베르게(albergue, 순례자 숙소)를 찾아 나섰다. 그리고 장을 본다. 내일 먹을 간단한 아침 식사거리와 간식(빵, 물, 바나나 하나, 사과 하 나)을 샀다. 숙소에 와 샤워를 하고 나니 조금은 살 것 같다. 모든 준비가 된 듯하다. 내일의 날씨와 걸어야 할 코스들을 살펴본 후, 저녁은 외식을 하기로 했다. 사람들마다 태어나고 자란 나라가 다르고 각자 개성이 있듯이 이 머나 먼 곳에 순례하기 위해 모인 사람들의 이유도 제각각이다. 처음 만나서 눈인 사를 하는 이곳, 어느 나라에서 왔는지, 어디까지 걸을 생각인지, 며칠 동안 순례할 것인지 서로 묻는다. 그러나 확실한 대답은 없다.

이 긴 여정을 완주할 수 있을지 자신도 모르기 때문이다. 날씨, 체력, 질 병, 음식 등 여러 상황이 맞물려서 개인의 의지만으로 되는 것이 아님을 알 기에, 서로의 눈빛 그 너머로 긴장감과 불안감이 전해지고 있었다. 어쨌든 이 제야 비로소 순례자 여권과 조가비, 배낭, 지팡이를 손에 든 순례자의 대열에 들어섰다. 성당에 들어가 청원기도를 드린다. 그리고 야고보 성인에게 전구를 청했다.

"하느님께서 저희 순례자들을 축복해 주시도록 빌어 주소서.
그리고 제가 순례 길을 걸으며 약속한 기도들을 늘 잊지 않고 봉헌하게 하시 며, 그 기도들을 주님께서 허락하도록 빌어 주소서. 아멘."

출국과 귀국

산티아고 순례 길을 시작하려면 인천 공항에서 프랑스 파리행이나 스페인 마드리드행 비행기를 타면 된다. 시간이 된다면 프랑스 파리로 가서 기차를 타고 성모님 발현지인 루르드(Lourdes) 성지에 갔다가, 거기서 기차를 타고 생 장 피드 포르로 가서 순례를 시작하는 것을 권하고 싶다. 그리고 순례를 마친 후 귀국하기 전에, 산티아고에서 알사(alsa) 버스로 포르투갈 파티마(Fatima)의 성모님 발현지로 가는 일정을 추천하고 싶다. 바로 귀국하려면 산티아고 공항에서 비행기로 파리나 마드리드로 갈 수 있으며, 기차나 버스로도 이동이 가능하다.

숙소

알베르게 (albergue)

순례자 숙소(albergues de peregrinos)는 레푸히오(refugio, 피난처) 혹은 오스탈레스(hostales)로 불리며 카미노(camino) 순례자들에게만 개방되는 곳이다. 순례자들의 편의를 위해 10~20Km 간격마다 있으며 간혹 더 가야 나올 때도 있다. 숙소는 보통 한 방에 여러 개의 2층 침대가 놓여 있으며, 담요가 구비되어 있다. 하지만 대부분의 순례자는 자신들이 가져온 침낭을 덮고 잔다. 그러기에 침낭은 꼭 필요한 물품이다. 알베르게에는 이 밖에도 공동 샤워장과 세탁장(세탁기), 요리를 할 수 있는 부엌과 식당이 있다.

지방 자치 단체 운영 공설 알베르게 (albergue municipal)

정부가 운영하는 숙소로 기본적인 시설을 갖췄다. 비용은 가장 저렴하지만 위생적인 면이 부족하다.

교구 운영 알베르게 (albergue parroquia)

지역 교회 성당에서 교구 사제가 운영하는 곳으로, 많은 정보를 얻을 수 있고 때때로 공동으로 식사를 제공하는 곳도 있다.

수도회 혹은 수녀회 운영 알베르게 (albergue monasterio o convento)

수도회 수사들이나 수녀들이 운영하는 숙소로, 가격도 저렴하고 그들의 기도 시간에도 함께 참여할 수 있어 순례자들에게 인기가 높다.

사설 알베르게 (albergue privado)

대개 상업적인 이유로 개설된 숙소다. 숙박비는 다소 비싸지만 편의 시설과 서비스가 훌륭한 편이며, 세탁기와 건조기를 보유하고 있다. 영업 시간도 다른 알베르게에 비해 융통성이 있다.

일반적으로 하룻밤을 묵는 데 교구나 수도회 지방 자치 단체에서 운영하는 알베르게는 5유로 내외고, 사설 알베르게는 10유로 내외다.

카사 루랄 (casa rural, 민박집)

가정집에서 운영하는 민박집이다. 보통 순례자들은 가격이 비싸 잘 이용하지 않지만, 우리나라 민박집과 유사하며 저녁을 제공 받을 수 있다. 주방 식당을 이용하여 아침 식사도 할 수 있다.

오스탈 (hostal, 여관, 호스텔)

호텔보다는 낮은 등급이지만 알베르게에 비해 순례자들에게는 비싼 숙소다. 대개 한 방에 30~50유로 정도다. 몸이 지쳐서 하루 정도 조용히 쉬고 싶을 때 좋다. 개인 방에 샤워 시설이 있다. 오스탈 내에 식당이 있어 순례자 메뉴를 먹을 수 있다.

호텔 (hotel)

큰 도시나 관광지에 있다. 며칠을 쉬러 온 관광객들이 사용하는 곳으로, 순례자들은 거의 사용하지 않는다. 가장 비싼 숙소라고 생각하면 된다.

이렇게 스페인 산티아고 순례 길에서는 다양한 숙소를 만날 수 있다.

개인적인 몸 상태나 재정 능력에 따라 본인이 선택하면 된다.

길을 걷다

카미노
순례 여정

Camino

첫째 날
넘어도 넘어도,
돌아도 돌아가는 피레네 산맥 길

생 장 피 드 포르(Saint Jean Pied de Port) → 오리송(Orisson) →
론세스바예스(Roncesvalles) 27.1Km

피레네 산맥이 비안개를 뿌린다. 첫걸음부터 갈까 말까 망설여지지만 주저앉아 무엇을 하겠는가? 아침 일찍 미사를 봉헌한다. 이 순례 여정을 축복해 주시기를….

　간단히 빵으로 요기하고 숙소를 나선다. '오늘 날씨가 도와주어야 할 텐데!'라는 막연한 기대감과 함께. 그리고 묵주를 손에 든다. 한 걸음 한 걸음 내딛는 걸음걸음이 기도가 되어 주길, 그리고 한 알 한 알의 묵주 기도에 나와 성지를 후원해 주시는 회원님들과 은인들, 기도를 부탁하신 분들의 마음을 담아 걷는 시간이 되길 청하며 나의 한 걸음은 시작되었다.

27.1Km를 넘어가야 한다. 오늘은 이 거리를 넘어서야 숙소에 도착하게 된다. 오르고 또 오르고, 산굽이를 돌아도 돌아도 끝이 보이지 않는 듯하다. 오르고 오르며 뒤를 돌아보면 언뜻언뜻 뒷길의 아름다움을 보게 된다. 숨이 턱에 차게 걸어온 길을 내다보고, 잠시 쉬었다 앞으로 갈 길을 바라보고, 멈췄다가 배낭 짐을 내리기를 반복하는 빗길, 태양과 비가 서로 경주하듯 나타났다 사라지는 변덕스런 길 위에서 문득 이런 생각을 하게 된다.

힘들었지만 걸어온 길이 참 아름답다. 직선으로 걸어온 길은 빠른 것 같지만 어려웠고, 돌아온 길은 쉬웠으나 시간이 많이 걸렸다. 그러나 모두 아름다운 길이었다. 나의 인생길도 이런 길이었던가! 힘들고 고된 길들 속에 아름다움이 있다는 것을 잊고 살아온 건 아닐까?

　무엇이 나를 공허감에 빠지게 했던가? 힘들고 고되고 바쁜 일상 속에 내지난 일들과 삶에 대한 아름다움을 바라보지 못했기 때문인가? 불투명한 미래의 날들에 대한 걱정이 나를 짓누르고 있었던 건 아닌가?

그리고 앞으로의 길에 대해 또 다른 생각이 들었다. 안개비로 앞이 잘 보이지 않는 길, 그럼에도 앞에 길이 있다는 믿음은 어디에서 오는 것일까? 먼저 이 길을 걸어간 순례자들의 발자취를, 멀리는 안 보이지만 지금 발 앞에 보이는 것이 증명하고 있기에 불투명한 앞길을 향해 걷고 있는 것이다.

　나보다 먼저 다녀간 순례자들이 있기에 걸을 수 있는 길, 먼저 순례 길에 올랐던 순례자들이 있었다는 믿음이 나를 앞으로 걸을 수 있게 만들었다.

　길은 나를 가르치고 있었다. 과거를 보고 미래를 볼 수 있도록. 지금은 희미하지만 이 길을 다 걷노라면, 조금 더 밝아지리라는 희망이 나를 걷게 만들었다.

생각은 고상한지 몰라도 몸은 말이 아니었다. 젖은 옷과 신발과 양말, 그 속에 신경질을 내고 있는 내 육신, 영혼과 육체가 서로 딴 생각을 품고 있는 것이 분명히 드러났다. 땅이 축축해서 앉아 쉴 수도 없고, 길은 미끄럽고, 내리막길은 급경사를 이루어 내 무릎은 첫날부터 고통의 비명을 지르고 있었다. '이렇게 내일도 걸어야 한다면 어떻게 하지?'라는 몸의 고달픈 소리가 영혼의 조용한 소리를 짓누르고 있었다.

기진맥진한 채 숙소에 들어갔다. 막 도착한 우리의 그 걸음걸음들을 다 안다는 듯이 바라보는 먼저 온 순례자들의 눈길에는, 동정심과 연민이 가득했다. 오스피탈레로(hospitalero)라는 순례자들을 위한 자원봉사자가 침대와 샤워실로 안내를 해 준다. 감사한 마음이 절로 든다.

뜨거운 물로 샤워를 하니 살 것 같았다. 내일을 위해 빨래하고 건조기로 젖은 옷들을 말리고 나니 한숨이 난다. '이제야 오늘 모든 여정을 마무리하는구나'라는 안도와 함께, 오늘의 여정을 담은 휴대전화 사진들을 보니 아름답기만 하다. 참 고되고도 아름다운 하루의 길이었다.

떠오르는 태양이 높은 데서 우리를 찾아오게 하시고,
우리의 발을 평화의 길로 인도하시리라.
―
루카 1,79

비오는 날 걷고 난 후 느낀 점

비에 젖어 배낭이 더 무겁다.

발이 아프다고 비명 지를 틈이 없다. 배낭을 멘 양 어깨 통증이 더 크기 때문이다.
배낭이 내 몸에 밀착되게 배낭끈을 잘 조절해야 한다.

신발이 가장 중요하다.

밑창이 단단한 등산화 종류가 좋다. 지갈길이 많아 발바닥이 아프시 않기 위함이다.

양말은 3켤레가 필요하다.

오늘같이 비가 온 날은 걷다 보니 이미 2켤레가 젖었다.

변덕스러운 산악 날씨를 위해 우의는 꼭 필요하다.

자팡이(스틱, stick)도 필수다.

배낭 무게는 모두 합쳐서 10Kg 이내로 하는 것이 좋다.

숙소에서 사람들이 배낭 무게를 줄이기 위해 정리정돈을 하고 있다.
필요 이상으로 짐이 많기 때문이다. 배낭의 물건들은 모두 나에게 편안함을 제공하지만
필요 이상이면 나를 짓누르는 것들이 된다. 소유는 나를 풍요롭게 하는 것 같지만
인생의 크나큰 고통이 된다는 진리를 발견한다. 필요 이상의 소유는 자유로운 몸이
되지 못하게 한다.

곳곳에 먹을 수 있는 지하수나 수도가 있다.

물을 받을 수 있는 곳에서 물병을 채워 둔다.
언제 물통에 물이 떨어질지 모르니까. 물은 생명이다.

나의 순례 원칙

1. 매일 미사와 묵주 기도를 바친다.

2. 순례 길에 성당이 있으면 잠시라도 꼭 들러서 성체조배를 한다.

3. 배낭에는 최소한의 먹을거리만 준비한다.
   많은 먹을거리는 나를 짓누르는 젖은 솜과 같다.

4. 새벽에 출발하고, 혼자 걷는다.
   걷는 동안 묵주 기도를 하거나 침묵 속에 자연을 바라보며 생각하는 시간을 갖는다.

5. 숙소에서는 다른 순례자들과 함께 한다.

6. 내 배낭은 항상 내가 메고 다닌다.
   내 인생의 십자가는 내가 지고 가야 함을 명심하기 위해서다.

7. 어떤 일이 있어도 차는 타지 않는다.

8. 순례자로서 근검절약한다.

9. 모든 일은 하늘이 알고 땅이 알고 내가 안다.
   그러므로 하느님과 자연과 나 자신에게 진실해야 한다.

여름 순례 준비물

겨울철은 알베르게가 문을 닫는 곳이 많고, 피레네 산맥을 넘어야 하므로 피하는 것이 좋다. 봄과 가을철이 가장 걷기 좋다.
나는 시간 관계로 여름에 출발했다.

의류 및 신발	챙 넓은 모자 / 등산용 여름 상의 긴팔 2개 / 방수 및 방풍 재킷 1개 / 긴 여름 바지 2개 / 반바지 1개 / 기능성 속옷 3개 / 등산용 양말 3개 / 등산화(통풍이 잘되고 튼튼한) 1개, 샌들 1개
등산용품	배낭 50리터 / 배낭 방수 커버 / 침낭 2계절용 1개 / 지팡이(스틱) 한 쌍 / 물통 (꼭 필요하나, 나는 짐을 줄이기 위해 가져가지 않았다. 그 대신에 0.5리터 물병 2개를 사서 마시고 식수대에서 다시 채워 가지고 다녔다) / 손전등 1 / 헤드램프 1
상비약품 및 세면용품	바늘 / 실 / 작은 가위 / 손톱깎기(물집 치료에 큰 도움이 된다) / 옷핀 3개 / 빨래집게 3개 / 아스피린 / 지사제 / 소화제 / 소독약 / 소염제 / 일회용 밴드 / 개인 복용약 / 치약 1 / 칫솔 1 / 면도기 1 / 등산용 수건 1 / 수분 로션 1 / 선 블록 1
기타	선글라스 / 수저 / 일기장 / 안내서 / 볼펜 / 소책자 1 / 작은 미사 가방 1 / 여권 / 지갑 / 휴대전화(고요함을 위해 전화로는 사용하지 않고 카메라로 사용. 성무일도와 매일 미사를 다운로드 받아서 이용) / 현금(작은 단위의 유로, 현금은 일주일 사용분을 큰 도시에서 은행이나 현금 입출금기에서 현금 카드로 찾아 사용한다)

모든 짐은 10Kg을 넘지 않도록 한다.
필요한 물품들은 현지에서 슈퍼나 약국을 이용한다.

둘째 날
홀로 기도하는 길,
그러나 함께 하는 기도의 길

론세스바예스(Roncesvalles) → 에스피날(Espinal) → 린소아인(Lintzoáin) →
수비리(Zubiri) 23.1Km

새벽 4시 30분에 일어났다. 새벽 공기가 달고도 달다. 어제 피레네의 빗길을
걸어온 게 맞나 싶을 정도로 쾌청한 날씨다. 다른 순례자들이 깨지 않도록
도둑고양이처럼 조심조심 문 밖으로 여장을 들고 나와 손전등 불빛으로 짐을
꾸린다. 아직 아무도 시작하지 않은 길, 고요함으로 가득 찬 세상을 맞이하
니 절로 신비감에 젖는다.

　　오늘 내 몸이 어제의 내 몸인가? 무언가 다름을 느낀다. 어제 그렇게 산
을 넘어오느라 지치고 비에 젖어 걱정했는데, 이렇게 새 몸을 얻었다. 스스로
생각하고 느껴 보아도 몸의 회복력에 놀랄 뿐이다.

　　'잠이 보약이다'라는 말이 실감 난다. 잠으로 내 몸이 회복된 만큼 내 영
혼과 정신도 하느님 안에서 첫 마음으로 회복되기를 바라며, 신선하고도 다
디단 아침 공기를 마음껏 들이마신다. 안개 속에서 언뜻언뜻 보이는 안내 표
지판을 따라가며 오늘 순례 여정과 기도해 주기로 마음속에 약속한 분들을
떠올려 본다.

기도를 하려고 하면 참으로 기도해 주어야 하는 사람들이 너무나 많이 생각난다. 이 모든 사람을 위해 다 기도할 수 있을까 생각하며 한 사람 한 사람을 떠올리며 로사리오 삼매경에 나를 담근다.

'환희의 신비'는 하느님께서 구세사를 준비하시기 위해 예수님께서 이 세상에 오시는 여정을, 어머니 마리아에게서부터 시작하여 예수님의 유년 시절을 짧게 다섯 꼭지로 나누어 묵상하는 기도다. 성모님께서 얼마나 신심 깊게 성장하셨기에 하느님께서 거하시는 장소로 선택하셨을까? 천사의 발현과 함께 예수님을 잉태하시고 끊임없이 새로운 길로 나선 여인이 성모님이었다.

예수님 탄생을 위해 걸으신 길, 성전에 봉헌한 길, 잃어버린 예수님을 찾아 나서는 길이었다.

'빛의 신비'는 예수 그리스도의 공생활을 묵상하는 신비다.

예수님께서 하늘나라를 선포하기 위해 준비했던 오랜 시간들, 세례자 요한의 탄생과 그의 소식을 늘 알고 있던 예수님, 그들은 요르단 강 세례 터에서 마주하게 되고 서로를 알아본다. 하느님의 길을 위해 그동안 둘 다 어떻게 준비해 왔던가? 한눈에 서로를 알아볼 수 있었다. 둘의 만남은 요르단 강에서 세례로 절정을 이루고 예수님의 공생활은 시작된다.

예수님은 하느님 나라의 풍요로움을 카나의 혼인 잔치를 통해 드러내신 후, 하느님 나라의 신비를 종횡무진 선포하신다. 마침내 거룩한 변모로 당신의 모습을 드러내신 후, 인간에게 평생 잊지 못할 마지막 식사, 성체성사를 세우시어 우리에게 전하신다. 육체적인 걸음걸음의 복음 선포가 이제는 영적인 걸음걸음으로 나아가는 성체성사의 신비로 최고의 역설을 드러내신다.

'고통의 신비'는 인간 구원과 평화를 위한 인간 예수의 고통이다. 이 고통은 무엇을 위해 견딜 수 있는 고통인가? 사랑이 아니고서는 견딜 수 없는 고통이기에 신비스런 고통이다. 인간들이 가장 견디기 힘들어하는 것 중의 하나가 억울함일 것이다. 이 억울함을 십자가의 길로 받은 인간 예수님.

십자가, 억울함의 길을 구원의 길로, 용서의 길로, 승리의 길로 변화시킨 이 고통의 십자가 길은 신비스러운 또 하나의 순례 길이다. 저주 받은 사형 도구인 십자가를 구원의 십자가로, 평화의 십자가로, 용서의 십자가로, 승리의 십자가로 바꾼 것이다.

나의 이 순례 여정 또한 고통과 아픔이 뒤따르지만, 언젠가 제자들이 고통을 넘어선 부활의 삶을 깨닫게 되는 것처럼 나도 이 여정의 어려움을 시간이 흐른 다음 알게 될 것이라는 믿음이 생긴다.

'영광의 신비'는 우리 모두의 신앙 고백으로 다가오는 신비다. 예수님 십자가의 죽음 앞에 모든 것이 무너져 내리는 절망감에 빠진 제자들. 이제 위로 받을 수 있는 곳이, 고통 중에 기낼 수 있는 곳이 모두 무너져 내려 실망에 빠진 모두에게 새롭게 일어설 수 있다는 것을 알려 준 사건들이다.

예수님의 부활과 승천을 목격하고, 성령을 받은 사람들과 이를 전해 들은 사람들은 더 이상 다락방에 숨어 실망과 절망에 빠져 있지 않았다. 세상을 향해 죽음을 넘어 희망과 용기를 준 사건임을 묵상하는 신비인 것이다.

로사리오의 신비에 젖어 20단의 전 신비를 매 시간 계속 되풀이하는 가운데 6시간이 넘어서야 오늘의 목적지인 수비리(Zubiri)라는 마을에 도착했다. 기도하며 걷는 내내 든 생각은 그동안 사제 생활의 부족했던 점과 이런 나에게 기도를 부탁하는 사람들에게 그나마 보답이 되고자 하는 마음뿐이었다.

늘 마음은 하늘에 가 있지만 몸이 따르지 못함이 죄인이라는 증거일 것이다. 샤워를 하는 도중 물기가 닿자마자 비명이 나올 정도로 쓰라린 곳들이 속출한다. 이틀 만에 벌써 발에 물집이 잡혀 이곳저곳 터지기 시작했다. 또 내일이 걱정이다.

내일 끼니를 위해 슈퍼를 찾아 나선다. 내일 아침으로 바나나와 우유, 간식으로 사과 한 개, 점심으로는 빵을 샀다. 내일 걸어야 하는 길들을 침대에 누워 점검한 후 한적한 곳을 찾아 감사의 제사를 봉헌하는 것으로 오늘 하루를 마무리한다. 주님 바라기가 되게 해 주소서!

이 길은 홀로 로사리오 기도를 바치며 걷는 길이었다. 그러나 혼자가 아니었다. 성모님과 함께하는 순례의 길인 동시에, 예수 그리스도와 함께 걷는 순례 여정이었다.

그리고 예수님의 뒤를 따라 복음 선포를 위해 이 길을 걸었던 야고보 성인, 또 뒤를 이어 이 길을 나섰던 수많은 선배 순례자가 함께 걸었던 길, 또한 지향을 함께 두고 기도 중에 만나는 분들과 함께 걸은 순례 길.

산티아고 순례 길은 홀로 걷는 길이지만 늘 함께 하는 길이었다.

로사리오 기도(묵주 기도)

가톨릭 신자들이 대부분 오른손 둘째손가락에 묵주 반지를 끼거나 팔목에 묵주 팔찌를 차거나 긴 묵주를 손에 들고 기도하는데, 이를 로사리오 기도 또는 묵주 기도라고 한다.

로사리오 기도는 원래 수도자들이 시작한 기도로, 수도자들은 매일 〈시편〉의 150편이나 되는 분량을 암송했다. 그러나 너무 방대한 분량이고 복잡한 관계로, 이를 주님의 기도와 성모송으로 대체하여 바치는 관습이 생겨나기 시작하였다. 이런 단순한 기도가 널리 확대된 이유는 도미니코 수도회 창립자인 성 도미니코(Dominic, 1170~1221년)와 도미니코 수도회의 공헌이 컸다.

오늘 우리가 바치는 로사리오 기도는 15세기에 확정되었다. 도미니코 수도회의 알랑 드 라 로슈(Alan de la Roche, +1475년) 수사가 1464년 예수 그리스도의 생애를 강생과 수난, 부활에 따른 '환희의 신비' '고통의 신비' '영광의 신비' 세 가지로 나누어 기도한 데에서 시작되었다. 그 뒤 이 기도가 15단 형식으로 널리 퍼졌고, 1569년 비오 5세(Pius V, 1504~1572년) 교황이 환희·고통·영광의 신비 15단으로 표준화시켜 오늘에 이르게 되었다. 그런데 2002년 10월 16일 성 요한 바오로 2세(John Paul II, 1920~2005년) 교황이 〈동정 마리아의 묵주 기도 Rosarium Virginis Mariae〉 교서를 발표하여, 예수 그리스도의 공생활 중 다섯 가지 주요 사건을 묵상하는 '빛의 신비'를 묵주 기도에 추가했다. 그리하여 그리스도 신비 전체를 더욱 깊이 묵상하도록 하였다.

성모님께서는 프랑스의 루르드(1858년)와 포르투갈의 파티마(1917년)에 발현하셔서 묵주 기도를 열심히 바칠 것을 권하셨으며, 특히 죄인들의 회개를 위해 바치도록 부탁하셨다. 최근의 교황들도 기회 있을 때마다 묵주 기도를 권장했다.

레오 13세(Leo XIII, 재위1878~1903년) 교황은 1883년 9월 1일에 회칙 〈최고 사도직 Supremi apostolatus officio〉을 발표하여, 묵주 기도가 '사회악을 물리치는 효과적인 영적 무기'라고 선언하였다.

바오로 6세(Paul VI, 1897~1978년) 교황은 〈마리아 공경 Marialis Cultus〉(1974.2.2) 교서에서, 묵주 기도는 '복음 전체의 요약이며, 그리스도 생애의 신비를 묵상할 수 있는 탁월한 수단이자 평화와 가정을 위한 강력한 기도'라고 강조하였다.

성 요한 바오로 2세 교황도 〈동정 마리아의 묵주 기도 Rosarium Virginis Mariae〉에서 '묵주 기도는 분명히 성모 신심의 특성을 지니고 있지만, 본질적으로는 그리스도를 중심으로 하는 기도다. 묵주 기도는 그 소박한 구조 속에 모든 복음 메시지의 핵심을 집약하고 있으므로 마치 복음의 요약과 같다'고 하시면서, "묵주 기도는 제가 가장 사랑하는 기도입니다. 묵주 기도는 놀라운 기도입니다. 그 단순함과 심오함은 참으로 놀랍습니다"라며 묵주 기도를 자주 바칠 것을 권장하셨다.(《묵주 기도의 길잡이》, 이계창 신부, 도서출판 한빛 참조)

현 프란치스코(Francis, 1936년~) 교황의 성모님 공경도 특별하다. 그분은 1980년 초, 독일의 뮌헨 근처 아우크스부르크(Augsburg)의 성 베드로 암 페를라흐(Saint Peter am Perlach)성당에 걸려 있는 〈매듭을 푸시는 마리아〉 그림을 아르헨티나로 가져와 9일 기도문을 작성하여 신심 운동을 전개시킨 바 있다. 1988년 〈9일 기도문〉이 대중에게 퍼지면서, '매듭을 푸시는 마리아'에 대한 신심이 각국의 언어로 소개되었고, 우리나라도 2014년 예수회 제병영(가브리엘, 서강대학교 국제 문화 교육원장) 신부가 소개하여 퍼지고 있다. "우리 세계는 외교, 윤리, 가족 관계 등에 너무나 많은 매듭이 있습니다. 성모님은 진정으로 매듭을 푸시는 분이십니다."(《매듭을 푸시는 성모

님》, 프란치스코 교황 저, 제병영 신부 역, 하양인)

필자는 매듭 묵주 30,000개를 만들어 필자가 사목하고 있는 솔뫼 성지를 방문하신 프란치스코 교황께 축복해 주십사 청하였고, 교황님은 2014년 8월 15일 솔뫼 성지를 방문하시어 이 매듭 묵주들을 축복해 주셨다. 이후 교황님의 지향에 뜻을 같이하는 사람들과 함께, 세상 사람들이 갖고 있는 매듭들을 성모님께서 풀어 주시라고 전구를 청하고 있다. 이 산티아고 길에서도 세상과 각 사람들이 안고 있는 매듭들이 풀어질 수 있기를 청하는 의미로 매듭 묵주 기도로 순례하기로 결심하였다.

셋째 날
무리하면 안 된다는 것을 알려 주는 길

수비리(Zubiri) → 라라소아냐(Larrasoañ) → 팜플로나(Pamplona) 20.3Km

발에 물집이 잡히고 터신 곳곳이 한 걸음을 내딛자마자 비명을 지른다. 이런 발로 오늘 걸을 수 있을까? 그런데 한 걸음 한 걸음 걷다 보니 통증이 줄어드는 느낌이다. 통증이 사라진 걸까? 발이 마비가 된 걸까?

어쨌든 발의 통증을 피하는 방법 중 하나는 빨리 걷는 것이다. 그것이 통증을 잊게 해 줄 것이다.

발의 통증을 피하고자 빠르게 걷다가 잠시 휴식을 취하려고 신을 벗으니, 아뿔싸! 발의 상처가 오히려 도진 꼴이 되었다. 오늘 많이 걷기는 어려울 것 같아서 소몰이 축제(산 페르민 축제San Fermin Carnival)로 유명한 팜플로나(Pamplona)까지 가기로 하였다.

쉬었다 걷기가 더 힘들다. 발의 통증이 쉬고 나면 더 하고, 걷자니 악화될 것 같고 진퇴양난이다. 오늘은 절름발이가 되었다. 팜플로나는 다음 주부터 시작되는 소몰이 축제를 위해 분주한 모습이다. 곳곳에서 시끌시끌 다양한 행사가 벌어지고 있었다. 조용한 산길만 걷다 도시로 들어오니, 온갖 시끄러운 소음들이 피곤한 다리와 함께 육체의 고단함을 가중시킨다.

소음이 가져다주는 피해를 몸으로 느끼며 때로는 공해보다 소음이 더 무

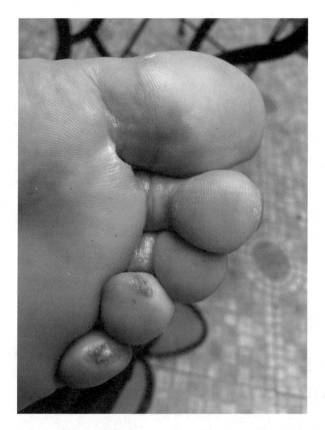

주님은 바위 위에 든든히 내 발을 세우시며,
내 걸음 힘차게 해주셨나이다.
—
성 베르나르도 아빠스의 강론 중에서

섭다는 생각을 해 보았다. 빨리 숙소를 정하고 샤워하고 빨래를 한 후 발에 난 상처들을 치료했다. 그리고 성당을 찾아 나섰다.

성당으로 가는 도중 천재 작가 어니스트 헤밍웨이(Ernest Hemingway, 1899~1961년)를 만났다. 잠시 그의 생애를 읽어 보았다. 스페인을 사랑했고, 이곳에서 자주 글을 썼던 헤밍웨이. 천재적인 재능으로 여러 소설을 쓰며 많은 재력과 인기를 누렸건만 명성이 높아질수록 이에 대한 스트레스를 이기지 못했던 소설가. 자신의 천재성 뒤에 있던 그늘과 고독을 이기지 못했던 천재. 자신이 겪는 스트레스를 이기지 못하고, 십자가를 바라보지 못하고 여자와 알코올에 의존하며 자신을 과신했기에 불우한 말년을 지냈던 작가. 그러나 그의 소설은 예리했고 지쳐 있는 나에게도 위로가 되었다.

"내일 또다시 태양은 떠오른다!" 하느님께서는 내일 또다시 태양이 뜨게 해 주시듯이, 오늘 이렇게 지쳐 있지만 내일 또다시 나를 일으켜 주실 것이라는 믿음과 희망을 헤밍웨이를 통해 나에게 전해 주신다.

산 페르민 축제는 어니스트 헤밍웨이의 소설 《태양은 또다시 떠오른다》(The Sun Also Rises)가 1926년도에 출간되면서 전 세계 사람들에게 알려졌는데 스페인에서 가장 유명한 축제 중의 하나다. 기록에 따르면 페르민(Fermin, 페르미노 팜플로나의 수호성인이자 3세기 말 주교) 성인이 황소에 묶여 길로 끌려 다니며 박해를 받다가 숨졌다고 한다.

이후 페르미노 성인은 팜플로나를 지켜 주는 수호성인이 되었고, 그를 기리기 위한 축제가 바로 산 페르민 축제다. 대개 소몰이 축제로 알려져 있다. 오늘날은 성인의 숭고한 정신보다는 상업적이고 관광적인 요소가 더 부각되었다. 산 페르민 축제는 매년 7월 6일부터 14일까지 일주일 동안 열리는데 황소들과 사람들이 뒤엉켜 경주하는 '엔시에로'(Enciero)가 바로 이 경주 놀이다.

해마다 소에 부딪혀 부상을 당하고 죽는 경우까지 생기는 이 경주에 사람들이 열광하는 이유는 무엇일까? 상업과 관광, 경제를 위해서라면 이 정도는 감수하겠다는 것인가? 도대체 그 깊은 내막은 모르겠으나 도시 전체가 함께 행사를 준비하는 모습이 인상적이다. 너와 내가 아닌 모두가 함께 준비하는 과정을 통해 시민 모두가 하나 되는 모습, 잠시 일상을 잊고 축제를 지내는 모습이 감동적이다. 아무튼 이 축제의 내면에는 그리스도를 전하기 위해 노력했던 페르민 성인이 중심에 있다는 것을 생각했으면 하는 바람 속에 이 도시에서 하룻밤을 지낸다.

주변의 소음, 도시의 복잡함, 수많은 갈래 길, 자동차와 많은 기계가 내는 소리, 현란한 조명과 불빛들은 자연의 소리와 달리 자신에게 집중할 수 없도록 사람들의 내면을 분산시키는 요소임이 틀림없다.

빨리 이 소란한 도심을 벗어나고 싶다. 며칠간 피레네 산맥을 넘고 길을 걸으며 아름다운 자연의 모습 속에 나 자신에게 집중할 수 있도록 노력해 왔는데, 소음과 수많은 인파에 이 모습이 흩어지는 것 같아 내일 일찍 이 도시를 벗어나고자 일찍 잠자리에 들었다.

내면의 소리에 귀를 기울이는 길을 찾아가고 싶다.

사람들과 진정으로 발걸음을 맞추고자 한다면,
그 걸음걸이는 항상 느려지게 마련입니다.

넷째 날
용서의 길

팜플로나(Pamplona) → 시수르 메노르(Cizur Menor) →
우테르가(Uterga) → 푸엔테 라 레이나(Puente la Reina) 24Km

도시의 혼잡함에서 빨리 벗어나고자 새벽길을 나선다. 매일 맞이하는 새벽
공기의 신선함과 상쾌함은 하느님의 좋은 숨결 같다. 이 숨결로 하루를 연다
는 생각이 새로운 힘을 얻게 한다. 숨을 크게 맘껏 들이쉰다.

오늘의 주된 순례 길은 '용서의 언덕'이라 불리는 페르돈 고개(Alto del Perdon,
해발 790m)다. 3시간을 걸어 정상에 오르니, 죄를 용서 받기 위해 속죄의 길
을 나섰던 중세 순례자들의 모습을 부식 철판을 이용하여 형상해 놓았다. 그
조각은 아름다운 산 정상의 경치와 함께 잘 어우러져 있었다.

4년 전 이곳에서 만났던 한국인 모자가 생각이 났다. 군대를 갓 제대한
아들 라파엘과 그의 어머니 아녜스 씨였다. 라파엘은 자신의 인생 진로에 대
해 고민하는 청년이었고, 그의 어머니 아녜스 씨는 이제 장성한 아들과 더 이
상 오랜 시간을 할 수 없다는 생각에 이 길을 나섰다고 했다. 산티아고 길을
걷는 그들은 '홀로 그러나 함께'라는 짧고도 무게 있는 목표를 갖고 있었다.
라파엘은 정의감도 있고 정도 많았으며 영어도 잘하는 청년이었다.
대학교를 마치고 직업을 가질 계획이라고 했지만 미래의 불투명함에 혼

돈을 겪고 있는 모습이었고, 어머니는 그런 아들을 위해 끊임없이 기도하는 신심이 두터운 분이었다. 그때 이 페르돈 언덕에는 비바람이 불고 있었는데, 이 모자는 제대로 된 우의가 없어서 난감해하고 있었다. 어쨌든 숙소나 길에서 자주 만나 친분을 가질 수 있었으며 지금까지도 연락을 주고받는 사이가 되었다. 그때 나는 우연찮게 라파엘은 조금 더 공부를 했으면 좋겠다고 했는데, 그 말을 따라서인지 라파엘은 학업을 더 지속해 지금은 연구원이 되어 세계가 사용할 에너지 산업에 종사하고 있다.

내가 산티아고 길을 다시 나서게 되었다는 이야기를 하자 그 모자는 이 길을 걷기 위한 여러 가지 물품을 보내주셨다. 그 감사한 마음이 그들을 처음 만났던 이 정상에 이르자 다시금 떠올랐다. 아네스 씨는 이제 한 달 후면 둘째 아들 미카엘과 이 길을 다시 걷는다고 하였다. 미카엘에게도 라파엘과 똑같은 기도와 사랑을 전해 주고픈 어머니의 마음일 것이다. '잘 준비하고 계시겠지'라는 염려와 함께 그 가정을 위해서도 묵주 기도를 올린다.

순례 길 내내 용서에 대한 묵상을 하게 되는 날이다.

'용서는 신적 행위', 즉 용서는 하느님다운 행위라고 말한 어느 신학자의 말이 계속 입가에 맴돈다. 그만큼 용서하기가 어렵다는 이야기일 것이다. 사람이 사람을 용서할 수 있을까? 사랑하는 사람, 가까운 사람은 가능하겠지만 늘 사람들을 괴롭히는 사람을 용서할 수 있을까? 때론 용서했다고 생각했던 사람도 다시 만나고 나면, 아니 생각만 해도 가슴 깊은 곳에서부터 미운 감정이 살아나는 이유는 무엇일까?

다 용서하지 못했기에 그런 것일까? 감정은 윤리성이 없다고 했다. 미운 감정을 넘어 생각과 말과 행동으로 그것이 드러날 때 우리는 죄에 기울게 된다. 그러면 어떻게 해야 하는가?

남을 용서하면 너희도 용서받을 것이고,
남에게 주면 너희도 받으리라.

주님, 이 몸 잊지 마시고 굽어 살펴 주십시오.
이것을 마음에 새기며 두고두고 기다리겠습니다.
주님의 사랑 다함없고 그 자비 가실 줄 몰라라.
그 사랑, 그 자비 아침마다 새롭고 그 신실하심 그지없어라.
—
애가 3,20-23

내가 미워하게 되는 경우는 주로 무엇인가? 그것은 정의롭지 못하거나 자신만을 생각하는 얄미운 행동을 하거나 진실하지 못한 사람의 모습을 볼 때다. 그렇다고 내가 정의롭고 자비롭고 진실한 사람인가라는 질문에 '예'라고 자신 있게 대답하지도 못하면서…. 이런 계속되는 물음을 스스로에게 던지며 순례는 계속되었다. 내 마음의 잣대, 내가 생각하는 가치에 맞는지 안 맞는지?

이런 모순 속에 살면서도 늘 상처 입는다고 생각하고 타인을 판단하는 나는 용서 받을 자격이 있는 사람인가? 아직도 타인을 쉽게 판단하고 경솔하게 말하는 나 자신을 바라보며, 늘 미운 사람이 떠오르는 내 속마음을 다스리기 위해 어떻게 하고 있는가? 미운 사람을 만나거나 미운 감정이 떠오르면 나는 어떻게 하고 있는가? 마을 입구 십자가 앞에 계신 예수님을 바라보게 된다.

일찍이 아우구스티노(Augustinus, 354~430년) 성인은 '사랑의 결핍이 죄'라고 하시지 않았던가!

그렇다면 미운 감정을 가지고 있는 나 자신이나, 미운 행동을 한 사람이나 모두 사랑이 결핍된 사람들이라는 이야기일 것이다. 내가 사랑의 포용력이 부족해서 미운 감정이 생기는 것이고, 상대방도 사랑이 부족한 모습을 보이기에 미운 감정이 생긴다는 것이다. 우리 모두는 사랑이 결핍된 사람들이다. 그래서 늘 나의 성화와 타인의 성화를 위해 사랑이신 예수님께 기도할 수밖에 없지 않겠는가! 욱하는 감정이 일 때마다, 자주 화살기도를 해야 우리는 죄에 기울지 않고 서로의 성화를 위해 나아갈 수 있을 것이라는 묵상으로 생각을 정리하였다. 내 마음속에 미워하고 있는 사람들을 떠올려 본다. 우리는 사랑의 결핍자다. 이 결핍을 채우기 위해, 나와 그 사람들을 위해 기도로 발걸음을 재촉한다.

무거운 마음과 발걸음들이 점차 가벼워짐을 체험하는 순례 길이다. 더불어 용서에 대한 묵상의 시간을 가졌다.

성인들은 하느님다운 모습이 용서하는 모습이라고 사람들에게 전해 주셨다. 하느님으로부터 창조된 인간이 하느님을 닮은 모습, 그것은 용서하는 사람의 모습이다. 이 모습을 전해 주시기 위해 하느님의 아들이신 예수 그리스도는 이 세상에서 끝없이 용서하셨고, 용서하시기 위해 십자가까지도 기꺼이 받아들였던 것이다.

용서는 우리에게 십자가라는 아픔과 무게를 주지만, 한편으로는 사람들 사이의 화해와 평화라는 부활의 선물을 준다.

그래서 프란치스코 교황님은 "하느님은 용서하시는 데에 지치지 않으시는 분입니다"라고 하시며, 사랑이신 하느님께 돌아오라고 역설하시지 않으셨던가! 순례자의 길은 바로 용서를 배우는 길이고, 용서하는 길이다.

그럼으로써 하느님을 닮아가는 길을 가는 것이다. 순례자가 되었다는 것은 기쁨이다. 순례자의 길은 용서를 향해 나아가는 길이기 때문이다.

오늘 숙소는 프란치스코 카푸친회에서 운영하는 알베르게를 찾았다. 조그맣지만 아름다운 성당이 있다. 밤새 기도하라고 밤에 성당에 들어가는 문까지 친절히 알려 주신다. 조용히 용서를 위한 기도를 하고 미사를 봉헌했다.

잠시 성체조배를 했다. 밤새 기도할 수는 없었다. 피곤한 육신은 저녁 식사 후 안락한 침대를 찾아들었다.

영원히 다스리실 주님,
우리를 돌이켜 세워 주십시오.
—
애가 5,21참조

다섯째 날
올라(Hola) · 부엔 카미노(Buen Camino) · 그라시아스(Gracias), 힘을 주는 길

푸엔테 라 레이나(Puente la Reina) → 시라우키(Cirauqui) →
비야투에르타(Villatuerta) → 에스테야(Estella) 21.9Km

닭 울음소리에 깨어 일찍 출발하게 되는 날이다. '늘 깨어 있어라!' 경고인지,
순례자로서의 자세를 갖추라는 뜻인지? 닭 울음소리는 멀리서 들린 것 같은
데, 대문 앞에 주물로 만든 닭과 종이 매달려 있었다. 한낮의 더위가 갈 길을
힘들게 하기에 매일 새벽 일찍 출발하기로 했는데 잘한 결정 같다. 하느님이
주신 새 아침은, 그리고 새벽 여명과 함께 빛을 향해 나아갈 때마다 자연이
주는 아름다움은 늘 우리에게 경건함을 준다.

오늘도 순례자로서 깨어 있으라는 가르침을 안고 몸도 깨어나고 정신과
영혼도 깨어날 수 있기를 청하며 로사리오 기도를 시작하였다.

오늘은 완만하고 메마르고 건조한 길과 들판과 밀밭 길이 계속되다가, 마지
막에 가서야 한적한 나무 숲길이 나온다. 날씨가 더우니 새벽 일찍 출발해야
한다는 것을 다른 순례자들도 느꼈나 보다. 어둠 속에서 순례자들 한두 명씩
여기저기 알베르게에서 배낭을 메고 나타난다.

우리 모두는 서로 깊은 말을 하지는 않지만, 각자 나름대로 추구하는 목
적이 있다. 어떤 동기로 이곳에 왔건, 모든 순례자의 공통분모는 내면의 소리

사랑한다는 것은 단순히 애정을 가졌다는 감정 그 이상을 가리킵니다.
사랑은 창조를 위한 전면적인 도전이며 시도입니다!

를 듣고자 하는 것이고, 이것은 침묵으로 서로에게 전해진다. 그러나 젊은이들에겐 예외다. 순수하고 밝은 그들은 작은 일에 웃고 떠들고 사진 찍고 주소와 연락처를 주고받는다. 그들에게는 젊은이들만의 특성인 유쾌함, 명랑함, 웃음, 활동성이 이 길을 걸을 때도 나타난다.

길을 걸으며 만나는 순례자들마다 '올라(Hola)! 올라!' 하며 인사말을 건넨다. 영어로 하이(Hi)! 정도의 말로, '안녕'이라는 뜻이다. 그러면 '부엔 카미노'(Buen Camino, 좋은 순례 길 되세요)란 말로 헤어짐의 인사말을 전한다. 그러면 '그라시아스'(Gracias), 즉 '감사하다 고맙다'는 인사말을 남기며 길을 간다.

스페인어를 전혀 모르던 나도 며칠간 많은 순례자를 만나며 자연스럽게 익힌 인사말이다. 스페인 말을 많이 알면 좋겠지만, 이 세 마디 말이면 산티아고 순례 길을 걷는 내내 큰 어려움은 없다.

그런데 신기하게도 간단한 인사말을 계속 주고받는 가운데 힘을 얻는다. 늘 안부를 묻는 '올라!'는 악센트가 특이할 정도로 밝다. 우리가 평소에 정중하게 하는 '잘 주무셨습니까? 편안하십니까?'라는 인사말이 이 단순하고도 짧은 인사말 속에 다 들어 있다. 그리고 그 인사말에는 상큼함과 밝음, 지친 몸에 힘을 주는 악센트가 포함되어 있으며, 밝은 미소가 늘 함께 한다. 고독하고 지친 순례자들, 메마른 들길을 걷는 순례자들에게 힘을 주는 인사말이다.

또한 '부엔 카미노'는 순례자들이 서로 기도해 주는 인사말이다. 800Km에 해당하는 이 머나먼 순례 길에 모두가 무사히 순례를 마치기를 기원한다는 의미로 응답하는 인사말이다. 그러면 순례자들은 고맙다는 응답으로 '그라시아스'를 외친다. 그라시아스는 은총이라는 말에서 유래한 것이다.

내가 할 수 없는 것들을 해 주는 사람들의 행위나 말, 모두가 감사한 은총이라는 뜻이다. 모두가 각자 걷고 있지만, 늘 서로에게 힘을 주는 인사와 기도, 감사는 우리 모두에게 힘으로 감사로 은총으로 다가오고 있었다.

사막과도 같은 드넓은 밀밭 길, 지루하기 이루 말할 수 없는 순례 길에서 올라, 부엔 카미노, 그라시아스는 시원한 생수와도 같았다.

생명을 주는 말이었다.

황량한 들판 길에서 포장마차를 하는 부부를 만났다. 무더운 날씨에 작은 차에 가판대를 만들고 순례자들에게 커피와 음료, 빵을 파는 부부의 모습이 무척 감동적이다. 이 무더운 날씨에 어쩌면 저렇게 밝게 웃으며 음식을 팔 수 있을까! 서비스의 달인들이다. 힘들고 고된 삶이지만 밝음을 선사하는 사람들! 그들이 바로 성인들이다.

늘 무뚝뚝한 표정으로 인사했던 날들이 참으로 후회스럽다. 밝은 미소와 청량한 음성으로 인사말을 전하는 사람이 되어야겠다! 다른 사람에게 힘을 주는 인사! 이것이 소통의 첫 출발점이라는 것을 순례 길에서 배우고 깨닫는 하루였다.

가정은 인간의 삶 가운데 가장 중심이지요.
그것은 너무나 당연한 진리입니다.

—

《교황 프란치스코 어록 303》 글 중에서

여섯째 날
몸이 먼저 변화되는 환희의 길,
배려의 길

에스테야(Estella) → 비야마요르 데 몬하르딘(Villamayor de Monjardin) →
로스 아르코스(Los Arcos) → 산솔(Sansol) 29.1Km

순례 길에 오른 지 일주일, 오늘 아침 무척이나 몸이 가볍다. 둘째 날부터 계속 괴롭혀 온 발바닥의 물집들은 이제 다 나아 군살이 박혔고, 어깨를 짓누르던 배낭도 익숙해져 통증도 사라졌다. 다리에도 새로운 힘이 생겼다. 무언가 몸에 변화가 생겼다는 것을 느낀다.

　아픔이 없다는 것이 이렇게 좋을 줄 누가 알았겠는가!

그동안 기계 문명에 너무 젖어, 짧은 거리도 차를 타고 다녔고, 일상적으로 만나서 해야 할 일들도 휴대전화로 아주 쉽게 정성을 기울이지 않고 해결한 시간들, 무거운 짐은 피하려 했던 일상들이 오히려 내 몸을 구석구석까지 약하게 만들어 버렸다는 것을 깨닫게 된다. 디지털 시대에 맞추어 산다는 것이, 아날로그 같은 내 몸을 오히려 소진시켜 왔다는 역설을 온몸이 알려 주고 있었다. 그렇다. 몸이 살아나고 있었다. 한 걸음 한 걸음 속에 진동하는 내 육신은, 이제 온몸 구석구석으로 파장이 일며 살아나고 있는 것이다.

육신의 변화가 일어나는 것을 감지하며, 약한 몸을 강하게 변화시키는 이 길은 분명 변화의 길임이 틀림없다는 생각이 든다.

더 나아가 삶의 매너리즘에 빠진 정신의 변화와 영적 진보를 위한 영적 변화도 이 순례가 마칠 때쯤 일어났으면 하는 희망을 가져 본다. 로사리오 기도의 '환희의 신비'가 내 몸에서 환희가 되고 있다는 기쁨을 느끼는 순례가 시작되었다. 한 걸음 더 나아가 기쁨을 안겨 준 사건이 있었다.

'이라체 수도원'(Monasterio de Santa Maria de Irache)과 '와인의 샘'(Fuente del Vino)을 만난 것이다. 오랜 시간 론세스바예스, 카미노와 인연을 맺어 온 고대 베네딕토 수도회의 이라체 수도원, 그리고 이 수도회의 정신을 지금까지 이어받아 이라체 양조장에서 순례자들에게 무료로 제공하는 와인의 샘. 순례자들과 나는 순례자들의 상징인 조가비를 배낭에서 풀어 일인당 한 잔씩 제공되는 포도주를 '부엔 카미노'를 외치며 즐겁게 마신다. 걸음걸이에 지친 순례자들에게 새로운 활력이 생긴다. 쓴 입 안을 한 모금의 포도주가 단맛으로 물들였고, 지친 몸은 생기가 돌고, 서로가 힘을 주는 밝은 미소와 인사말이 오고 간다. 양조장의 배려, 무상으로 내어 주는 배려의 힘이 사람들을 변화시키고 있었다. 어느 곳에서 마신 포도주보다도 가장 달콤했던 힘은 바로 배려의 정신이었다.

산티아고 순례 길은 이렇게 말없이 사람들을 배려하는 길이다. 나도 누군지 모르는 사람이지만 발에 물집이 잡혀 통증을 호소하는 사람들을 치료하며 격려해 주는 길이고, 또 모르는 사람이 나를 알게 모르게 배려해 주는 배려의 길이었다.

아뿔싸, 이런 배려의 길임에도 불구하고 욕심이 화를 불렀다. 몸이 좋아진 덕에 조금 더 걷기로 한 것이 화근이었다. 다음 마을을 향해 8Km를 더 걷기로 했는데 이 구간에는 그늘 한 점이 없었다. 한낮의 태양은 온 대지를 달구고 있었고, 그 안에 내가 서 있었다.

뜨거워지는 몸, 발바닥, 온몸이 땀으로 범벅이가 되어 어찌할 줄 모르며 죽을힘을 다해 숙소를 향해 걸어갈 수밖에 없었다. 이렇게 배려의 길은 또한 과욕이 죽음에 이르는 길임을 알려 주는 길이었다. 너무 빨라도 안 되고, 느려도 안 되는 길을 깨닫게 해 주는 체험 속에, 중용의 도를 생각하게 하는 시간이었다.

주님께서 무엇을 좋아하시는지, 무엇을 원하시는지 들어서 알지 않느냐?
정의를 실천하는 일, 한결같은 사랑을 즐겨 행하는 일,
조심스레 하느님과 함께 살아가는 일, 그 일밖에 더 무엇이 있겠느냐?

일곱째 날
잃어버린 나를 찾는 길

산솔(Sansol) → 비아나(Viana) → 로그로뇨(Logroño) 21.4Km

어제의 경험으로 온몸이 불덩이처럼 뜨거워진, 불에 덴 것 같은 몸뚱이를 식히고 나서야 무리해서는 안 된다는 것을 깨달은 아침이었다. 너무 적게 걸으면 다음 날 숙소가 있는 곳까지의 거리가 문제가 된다. 다음 날 긴 거리를 걸어야 해서 무리가 오기 때문이다. 그렇다고 욕심을 내어 많이 걷고 나면 다음 날 힘이 들어 더 나아갈 수가 없다. 길과 숙소 사이의 거리가 오랜 세월 속에 나와 순례자들에게 가르쳐 주고 있었다. 적당히 걸어야 한다는 것을….

아직도 순례 여정을 나에게 맞게 조절하지 못하고 반복해 무리하는 내 모습을 반성하며, 오늘은 조금만 걷기로 하고 새벽길을 나섰다.

어제 저녁 한국인 청년들과 각 나라에서 순례 온 사람들을 만났다. 매일 오가는 길에서 가끔씩 마주치다 보니 몇몇은 친근감이 든다. 어느 나라, 어느 곳에서 왔으며, 이름은 무엇인지, 직업은 무엇인지, 그리고 왜 이 먼 나라까지 와서 이 길을 걷는지 서로 대화를 나누었다. 이유가 각자 다르고 다양하다. 그러나 가장 본질적인 공통점 가운데 하나는 '자신이 누구인지를 알고 싶어서' 이 길을 걷는다는 것이다.

나에게는 그리스도가 생의 전부입니다.
—
필리 1,21

'나는 이 자리에 왜 왔는가? 무엇하기 위해 왔는가? 나는 무엇 하는 사람인가?'가 주요한 화두다. 4년 전에 내가 이곳을 찾은 것은 내가 대체 무엇을 하고 있는지 모를 정도로 살아온, 지난 시간들을 반성하기 위해서였다. 사실 이번 순례도 이와 같은 내용들을 포함하고는 있지만, 삶의 정체성과 더불어 그동안의 삶을 보속하기 위해서이기도 하고, 나에게 기도를 부탁한 사람들의 기도를 함께해 주기 위해서였다.

가톨릭 신부라고 나를 소개하자 신상을 이야기하며 자신을 위해 기도해 달라는 사람들이 대부분이었다. 어디서건 만나는 사람들은 사제인 나에게 기도를 부탁한다. 그래서 더욱 깊이 알게 된 것이 '기도하는 사제'가 돼야 한다는 것이다.

신부는 바로 기도하는 사제, 하느님께 인간의 마음을 들어 올리는 제사를 봉헌하는 사람이라는 정체성을 깨닫는다. 매일 제사를 정성껏 봉헌해 주는 사람으로 나를 바라보고 있고, 나 또한 미사를 매일 정성껏 봉헌하며 기도할 때 자유롭고 풍요로운 나를 느낄 수 있다.

우리는 왜 정체성을 잃으며 살아가는 것일까? 그리고 대체 어느 순간에 정체성을 잃어버린 것일까?

현대인들은 매우 바쁘게 산다. 특히나 한국 사람들은 부지런하기가 이루 말할 수 없다. 아침부터 저녁 늦게까지 수많은 사람을 만나고 많은 일을 하고 있다. 쉼 없이 일하고, 또 일하기 위해 일에 대한 이야기를 한다. 나는 무슨 일을 하고 있는지, 무엇을 위해 살고 있는지를 생각해 볼 겨를이 없다. 그러나 문득 뒤돌아보니 '나는 무엇 하는 사람인가?'라는 질문에 스스로 봉착하고 만다.

쉼 없이 살 때, 하느님 안에서 자신의 삶을 점검하는 시간을 잃어버릴 때, 자신의 내면을 바라볼 수 있는 고요함을 갖지 못하는 시간이 누적될 때, 우리는 언제부터인지도 모르게 자신을 잃어버리게 된다. 이와 같은 중요한 시간들을 잃어버린 사람들, 미래의 불투명함에 한 걸음도 내딛지 못하는 사람들, 그들과 나는 방황하게 되는 것이다.

그리고 사람들은 오락과 잦은 회식, 전자기기, 알코올 의존 등 기타 여러 가지를 통해 자신의 어려움, 자신의 십자가를 피한다. 어느 심리학자는 자신의 고통을 가장 잘 아는 사람은 또한 그것을 극복할 수 있는 힘도 가지고 있다고 했다. 또 어느 신학자는 하느님께서는 인간이 극복할 수 있을 만큼의 십자가만 허락하신다고 했다. 나를 볼 수 있을 때 하느님과 이웃을 볼 수 있다는 것을 깨닫는다. 자신을 볼 수 없을 때는 남도 볼 수 없는 것이다.

어제 만난 순례자들을 이곳저곳 순례 길과 쉼터에서 계속 만나게 된다. 그들 모두 잃어버린 자신의 모습을 찾을 수 있도록 기도드린다. 또 나를 위해서도 저들이 기도해 주기를 희망해 본다. '나는 누구이며 무엇을 해야 하는 사람인가?'에 대한 정체성을 꿋꿋이 찾아 나서는 순례 길이 되기를 말이다.

비아나(Viana)
산타 마리아 성당(Iglesia de Sante Maria)의
체사레 보르자의 무덤

순례객들은 비아나(Viana)라는 도시에서 잠시 바에 들려 커피와 빵으로 허기진 배를 달래며 쉼을 갖는다. 그리고 대부분의 순례자는 13세기에 지어진 산타 마리아 성당(Iglesia de Sante Maria)의 아름다운 현관문을 감상하고 성당에 들어간다. 그런데 이곳에는 특이한 사건이 전해 온다. 이 성당 주변에서 살해당한, 당시 악명 높았던 지주 체사레 보르자(Cesare Borgia, 1475~1507년)의 무덤에 얽힌 사연이다. 체사레 보르자의 무덤은 처음에는 성당 안에 있었다고 한다.

그러나 생전에 악한 일을 많이 했던 그의 시신이 성당 안에 묻혀 있다는 것을 못마땅하게 여긴 누군가가 그의 무덤을 파내어 성당 밖으로 옮겼고, 결국 성당 밖에 무덤을 쓸 수밖에 없었다고 한다.

순례자들 모두 이 무덤을 바라본다. 어떻게 죽느냐의 문제보다는 어떻게 살아야 하는가의 문제가 더 중요하다는 것을, 체사레 보르자는 사후에도 우리에게 전하고 있다. 하느님께서는 모든 것을 용서하시겠지만, 사람들은 쉽게 용서하지 못함을 역사는 증명하고 있다.

여덟째 날
그리움의 길

로그로뇨(Logroño) → 나바레테(Navarrete) → 벤토사(Ventosa) →
나헤라(Nájera) 29.1Km

산티아고 순례 길을 걸으며 자주 만나게 되는 모습 중의 하나가 순례자들이
순례하다가 죽은 장소를 기념하는 곳이다. 생 장 피 드 포르에서 피레네 산맥
을 넘을 때부터 시작하여 매일 혹은 며칠에 한 번씩 만나게 되는 것이 순례
자들이 죽은 곳에 쌓은 작은 돌무덤과 거기에 새겨진 이름, 사진 그리고 죽
은 날을 적어 놓은 십자가다. 그 이면에는 죽은 순례자를 위해 기도해 달라
는 내용이 담겨 있다.

　순례자들은 순례 길에서 만난 선배 순례자들을 기리며, 돌이나 들꽃 등
을 내려놓고 기도를 드린다.

　〈하숙생〉이라는 노래 가사에도 나오듯이, '인생은 나그네 길'이요 '어디서
왔다가 어디로 가는가?' 할 정도로 허무한 존재다. 들꽃이나 들풀과도 같은
존재들이다.

반면 신앙인은, 인생의 출발이 창조주 하느님에게서 시작하여 하느님에게로
돌아가는 것임을 믿는 사람들이다. 그렇기에 '인생을 하느님에게로 나아가는
순례의 여정으로 믿는 순례자들'이다. 하느님에게로 돌아가는 여정, 그래서
인생의 완성을 죽음으로 보는 순례자들이다. 따라서 시대를 함께 살아가는

사람들은, 인생의 완성을 향한 동반자요 함께 살아가는 친구들이며 가족이다. 참으로 소중한 사람들이다.

무엇을 미워하고 무엇을 용서하지 못하는가?

순례 길을 시작하며 모든 것을 하느님께 속죄하고 보속하며, 그분께 나아가고자 하다가 죽은 순례자들. 순례 길을 시작해 하루 만에 죽은 분도 있고, 여정 중간에 죽은 분도 있고, 산티아고 성당을 눈앞에 두고 죽은 분도 있다. 그들은 이 길에 들어서면서 미워하는 모든 것을 용서 받고자 하였고 모두를 용서한 분들이었다. 그러기에 살아 있는 우리 순례자가 생각하는 완주가 무엇이 중요하겠는가? 그분들은 이 길을 다 걷지 않았어도 이미 하느님 나라에 계실 텐데…. 그리고 살아서 순례하는 우리들을 위해 천상에서 기도해 주고 계실 텐데 말이다. 길에 들꽃들이 활짝 피어 그분들이 하느님 나라에 계심을 알려 주고 있는 듯하다.

기일을 앞둔 아버지, 어머니에 대한 그리움이 젖어 온다. 그분들이 사셨던 모습과 삶의 길을 떠올려 본다. 오직 자녀들이 잘되기만을 바라며 온 정성으로 노력을 다했던 분들. 늘 하느님 안에서 기도하고 형제들 간에 우애 있게 지내라는 말씀을 남겨 주신 분들. 시대의 아픔 속에 많이 배우지도 재산을 모으지도 못하셨지만 자녀들에게 모든 것을 다 주신 분들이다. 유년 시절 온 가족이 올망졸망 모여 앉아 함께 기도할 때 대견하게 바라보시던 눈길, 신학교에 입학할 때 아픈 몸을 이끌고 서울에 올라오셨다가 눈이 날리던 날 헤어질 때, 군에 입대할 때, 사제품을 받을 때, 첫 미사를 함께 하실 때 등등 내 인생의 중요한 순간마다 늘 함께 했던 부모님의 은혜와 사랑이 그립기만 한 날이다.

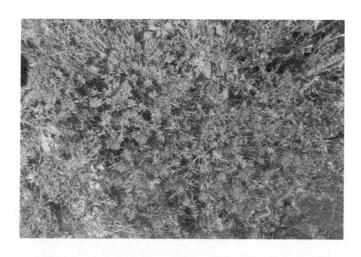

내 영혼을 스스로 헤아려 보나이다.

'이 그리움의 날, 부모님의 영혼을 위해서 하루 종일 성모님께 묵주 기도를 올립니다. 또한 먼저 하느님 나라에 가신 선배 순례자 분들의 영혼을 위해서도 기도드립니다. 아직 살아서 순례 여정을 계속해야 하는 우리들을 위해서 하늘나라에서 계속 전구해 주시기를 또한 청합니다.'

성가 〈순례자의 노래〉《가톨릭 성가》 463번)가 어느덧 내 입에서 마음으로 울려 퍼지는 하루였다.

인생은 언제나 외로움 속의 한 순례자
찬란한 꿈마저 말없이 사라지고 언젠가 떠나리라
인생은 나뭇잎 바람이 부는 대로 가네
잔잔한 바람아 살며시 불어다오. 언젠가 떠나리라
인생은 들의 꽃 피었다 사라져 가는 것
다시는 되돌아오지 않는 세상을 언젠가 떠나리라
인생은 언제나 주님을 그리는가 보다
영원한 고향을 찾고 있는 사람들 언젠가 만나리라

아홉째 날
길 위의 성자 산토 도밍고
(Santo Domingo, 성 도미니코)를 만난 길

나헤라(Nájera) →아소프라(Azofra) →산토 도밍고 데 라 칼사다
(Santo Domingo de la Calzada) →그라뇽(Grñáon) 28Km

오늘은 가야 할 길이 멀다. 30일 여정으로 걷는 일정을 계획하고 왔기에 오늘과 내일을 합쳐 전체 일정의 삼 분의 일은 걸어야 하기 때문이다. 시간을 여유 있게 잡고 왔더라면 더 좋았겠지만, 한 달이라는 시간을 얻은 것도 감사하기에 쉼 없이 매일을 걸어야만 하는 일정이다.

그러나 다행스럽게도 처음에는 20Km 정도만 걸어도 힘들다고 느꼈는데 이제 30Km는 소화할 수 있게 되었으니, 다리도 발도 배낭을 메는 어깨도 많이 단련된 것임이 틀림없다. 그래도 하루에 걸을 수 있는 한계치는 있는 법, 25Km가 넘어서면 영락없이 온몸에 고통이 배가된다. 걷는 힘도 줄어들고 시간도 많이 걸리고 무엇보다 이 한여름의 한낮 더위를 견딜 수가 없다. 그렇지만 천혜의 날씨와 아름다운 자연 풍광은 이루 말할 수 없이 아름답다.

그리고 무엇보다도 행복한 것은 마음껏 홀로 걸을 수 있고, 실컷 기도할 수 있다는 것이다. 언제 이렇게 해 보겠는가. 참으로 행복해 말이 안 나온다. 이런 좋은 기회와 시간이 주어졌다는 것. 돈이 있어서만도 안 되고, 건강이 허락되지 않아도 안 되고, 무엇보다도 시간이 허락되지 않으면 안 되는 것이 산티아고 순례 길이다.

모든 때를 씻어버릴 때 다시 발견할 수 있을지어다.
"보편되고 영원한 나라를" 돌려 드릴 때
진리와 생명의 나라,
거룩함과 은총의 나라, 정의와 사랑과 평화의 나라.

순례 길에서 만나는 아름다운 풍광들은 몸의 피곤함을 잊게 할 뿐만 아니라 새로움을 향해 나아갈 수 있는 힘을 제공한다. 다양한 길을 보면서 이렇게 아름다울 수 있는가 생각한다. 가도 가도 끝이 없는 길 같지만 가도 가도 새로운 모습과 풍경과 환경이 나를 기다린다.

이 길을 조성한 사람들은 누구일까? 천 년이 넘는 이 순례길이 조성되기까지 수많은 사람이 걸었겠지만, 순례자들을 위해 이런 길을 내기까지 헌신한 사람들이 많았을 것이라는 짐작은 누구라도 할 수 있을 것이다. 그 많은 분 중에 특히 추앙 받는 인물이 있다. 바로 오늘 산토 도밍고 데 칼사다(Santo Domingo de la Calzada, 칼사다의 성 도밍고)라는 도시에서 만난 '길 위의 성사 도밍고'(Saint Dominic of the Road)다.

산토 도밍고(Santo Dominic, 성 도미니코, 1019~1109년)는 11세기 빌로리아 데 리오하(Viloria de Rioja) 지방의 가난하고 소박하지만 열심한 신앙인 가정에서 태어났다. 그는 거인이고 힘이 아주 셌지만 배운 바가 없는 문맹이었다. 그래서 산 미얀의 수도회에 들어갔지만 문맹이라는 이유로 쫓겨났다.

하지만 그는 순례자들에게 봉사하기 위해 삶을 헌신하겠다고 다짐했다. 그리고 순례자들이 다니기 쉽도록 수많은 길과 다리를 만드는 데 온 인생을 바쳤다. 그리하여 그가 만든 길과 다리들이 오늘날까지 이어져 내려온다. 이 정신은 그분의 이상을 따르는 산 후안(San Juan, 성 요한)과 추종자들에게 이어져 오늘날의 아름다운 순례 길과 다리의 보수 등이 이루어져 순례자들에게 이용되고 있다. 이후 산토 도밍고에게 기도한 순례자들에게 일어난 다양한 기적 이야기 속에, 오늘날의 순례자들도 끊임없이 도밍고 성인에게 전구를 청하고 있다.

지식만이 최고인 양 가르치는 이 시대에 큰 경종을 울리는 성인의 삶과 희생에 깊은 감사를 드린다. 인생의 경륜과 지혜를 간직한 어른들의 모습을 어찌 무시할 수 있겠는가? 지식이라는 울타리에 사로잡힌 사람들에게서 볼 수 없는 순박한 시골 사람들의 애정과 기도를 받고 있는 나는 행복한 사람이다.

한국에 돌아가면 길의 중요함을 아는 사람들과 길을 사랑하는 사람들, 그리고 그런 길을 찾아 나서는 사람들과 함께 '내포의 성지 순례 길'을 열고 싶다. 한국의 성인과 순교자의 이야기와 함께 우리의 길을 내겠다는 다짐을 해 보는 하루다.

마르티니 추기경의 ≪하느님과 함께 5분≫(오미경 역, 성서와 함께) 묵상집의 한 소절이, 도미니코 성인의 위대함을 생각하게 한다.

"네가 자선을 베풀 때에는 오른손이 하는 일을 왼손이 모르게 하여라. 그렇게 하여 네 자선을 숨겨 두어라. 그러면 숨은 일도 보시는 네 아버지께서 너에게 갚아 주실 것이다"(마태 6,3-4).

"하느님께서 인정해 주시는 것, 숨은 일도 보시는 하느님께서 갚아 주시는 보상만이 가장 중요하며, 그것만으로도 충분합니다."

내포 순례 길을 희망하며

내포란 내륙 깊숙이 포구가 형성된 지역으로, 조선 말 천주교 선교사들이 삽교천을 따라 아산·예산·당진·서산·홍성 지역으로 이어지는 물줄기를 따라 배를 타고 들어와 곳곳에 신앙 교우촌을 세우고 가톨릭 신앙을 전한 곳들이다. 또한 조선 계급 사회에서 '하느님 안에서 태어난 모든 사람은 평등하다'는 평등의 진리를 전하기 위해 목숨을 바쳐서 신앙을 증거 한 곳들이다. 순교자들은 하느님의 진리인 평등한 인권과 사랑의 삶을 전하기 위해 애덕 실천을 구체화하였다.

그리하여 내포 사회는 일찍이 '한국 천주교회의 신앙의 못자리'가 된 곳이다. 내포는 한국 가톨릭교회 안에서 신앙이 유입되는 길이었고, 신앙이 전파되는 길이었다. 그리고 박해 시기에는 신앙 때문에 잡혀가는 압송의 길이었고, 순교할 장소로 이동하는 순교의 길이었다. 이뿐만 아니라 순교 이후에는 그분들의 시신을 몰래 옮겨 모시기 위한 이장의 길이었다.

내포 곳곳에 있는 천주교 성지들이 이 길들을 잘 보여 주고 있다. 이 길들이 많은 사람이 순례할 수 있는 사색의 길로, 순례의 길로, 기도의 길로 이어질 수 있는 그날을 꿈꿔 본다.
한국의 산티아고 성지가 되리라는 희망으로, 먼 스페인까지 갈 수 없고 길을 나서지 못하는 사람들에게 이 길을 열어 줄 수 있는 날이 빨리 오기를 기다려 본다.

열째 날
또 다른 길 위의 성자
산 후안(San Juan, 성 요한)을 만난 길

그라뇽(Grñáon) → 빌로리아 데 리오하(Viloria de Rioja) → 벨로라도(Belorado) →
비야프랑카 몬테스 데 오카(Vilafranca Montes de Oca) 28.9Km

해가 뜨기 전 새벽 5시에 출발하면 2시간 정도 밤하늘을 볼 수 있다. 물론
어둠 속에서 손전등을 비춰 가며 이정표인 노란 화살표를 찾아 나서야 하는
번거로움이 뒤따른다. 그러나 이런 수고도 번잡한 도시를 벗어날 때 뿐이다.
대평원의 새벽이다. 아직 여명이 시작되기 전의 하늘은 왜 이곳이 콤포스텔
라인지 알려 준다. 평원(campus)과 별(stella)이 맞닿은 지평선을 향해 가는 길,
고요함과 아름다움이 이토록 조화를 이룰 수 있단 말인가!

자연의 경이로움과 웅장함 속에 나 자신은 한낱 작은 미물임을 고백하게 된
다. 나 자신이 다인 줄 알고 잘난 척해 왔는데, 대자연 앞에 나는 그저 순응
하며 걸어가고 있을 뿐이다. 자연은 또한 겸손해야 함을 가르쳐 주고 있었다.
　　대자연의 웅장함 속에 이 길을 걷고 있는 순례자들의 모습이 흡사 개미
같다. 줄 이어 일렬로 행진하는 개미들같이 참 부지런도 하다. 무거운 배낭을
짊어지고, 서로 앞을 다투듯 앞서거니 뒤서거니 인사를 나누며 목적지를 향
해 간다. 이 순례의 목적지는 산티아고 데 콤포스텔라다.

그러나 이 목적지가 새로운 인생의 터닝 포인트(turning point)가 되어 새로운 시작을 알리는 계기가 되기를 희망하며, 많은 생각이 머릿속에서 교차하는 가운데 단순함을 배우기 위해 묵묵히 걷고 있다. 그동안 일상의 삶 안에서 복잡하게 살아왔던 생각들이 많이 정리되어 가는 느낌을 받는다.

묵묵히 열흘 동안 걸으면서 수많은 생각이 '오늘 어떻게 순례해야 하는 가?'라는 단순함으로 바뀌었다.

순례하면서 이제 복잡한 생각들은 없다. 의식주에 관한 본능적인 생각조차 없다. 무엇을 먹을까? 하는 생각도 순례자들에게는 사치에 불과하다. 빵이면 어떻고, 과일이면 어떤가? 그저 허기진 배에 먹을 것만 들어가도 행복하다.

무엇을 입을까? 걱정도 없다. 단 두 벌밖에 없는 옷이기에, 한 벌을 입고 목적지에 도착하면 그 옷을 빨고 다른 한 벌로 갈아입으면 끝이다. 옷으로 멋을 낼 수도 없고, 다려 입을 옷도 아니고, 그저 깨끗하게 빨아 마른 옷을 입는 것도 감사할 따름이다. 원죄를 통해 알게 된 부끄러운 몸뚱이만 가리면 될 뿐이다.

어디에서 자야 하나? 이것도 크게 걱정하지 않는다. 순례자 숙소에서 샤워하고 밤이슬을 피해 잘 수 있다면 그것으로 족하기 때문이다. 그리고 사계절용 침낭을 늘 지고 다니니 걱정하지 않아도 된다.

이런 단순함이 주는 영적 기쁨을 느낀 게 언제였던가? 많은 것을 소유할수록 소유가 주는 복잡함과 걱정들이 우리를 짓누른다는 진리를 이 길은 가르쳐 주고 있다. 순례자들은 함께 무엇을 먹을 수 있다는 것과 고된 여정을 마치고 함께 숙소에서 잘 수 있다는 것만으로도 기쁨과 행복을 느낀다. 이제 옆 사람이 코를 고는 것도 불편하지 않으며, 길 위에 앉아서 끼니를 때워도

괜찮은 사람이 되었다. 앉으면 밥상이요 누우면 침상이 되었다. 배낭은 당연히 가장 큰 베개가 되었다. 이런 단순함의 영성을 전해 준 성자들을 만난다는 것 또한 이 길의 기쁨이다. 길 위의 성자라 불린 산토 도밍고의 제자인 산 후안(San Juan, 성 요한)을 만난 것도 그렇다.

산 후안은 스승과 같이 산티아고를 향해 가는 순례자들을 돌보기 위해 일생을 바쳤다. 후안 성인은 순례자들에게 필요한 다리를 놓고 보수하고, 순례자들을 위한 병원과 기도할 수 있는 성당, 순례자들이 쉴 수 있는 숙소인 호스텔을 만드는 데 평생을 바친 분이었다. 중세 순례자들에게 위험과 고난이 가득했던 이 거칠고 외진 곳에서, 성인은 1150년에 성 아우구스티노 수도원을 설립하여 순례자들을 위해서 또 다른 길 위의 성자로서 삶을 살았다. 성인이 모셔져 있는 산 후안 데 오르테가(San Juan de Ortega), 성모 수태고지 성당의 모습이 특히 인상적이다. 낮과 밤의 길이가 같아지는 날에 태양빛이 성모 마리아의 수태고지 장면을 비추도록 설계되었다. 그 옆에 후안 성인의 묘가 우리 순례자들을 기다리고 있었다.

길 위의 성인인 도밍고 성인과 후안 성인을 만나는 기쁨을 누렸다. 순례자들을 위해 평생을 사셨기에 그분들은 누구보다도 많은 순례 길을 걸었을 것이다. 땅을 많이 디딘 사람일수록 흙의 소중함을 안다. 그래서인지 스페인의 이 순례 길은 나름대로 규칙이 있다. 되도록 콘크리트 길이 되지 않도록 했다고 한다. 콘크리트 길과 흙길이 몸에 가져다주는 느낌은 큰 차이가 있다. 콘크리트 길은 온몸에 특히 무릎과 발바닥에 큰 충격을 주지만, 흙길은 포근함을 준다.

성모 수태고지 성당을 설계한 분의 깊은 묵상에 감사를 드린다. 낮과 밤의 길이가 같아지는 날, 계절의 분기점이 되는 절기가 춘분과 추분이다. 이 성당을 설계한 설계사는 어떻게 천 년 전에 이런 생각을 했을까? 이 성당은

계절의 분기점이 주는 낮과 밤의 길이가 같은 계절의 감각을 통해, 성모님께서 하느님의 아들을 잉태하게 될 것이라는 예고를 들은 날로 표현했다. 하느님이 인간 구원을 시작하시는 분기점을 예수 그리스도 잉태의 순간이었다고 묵상하고 있는 것이다.

〈루카 복음서〉에 나오는 '마리아의 노래' 마니피캇이 절로 떠오른다(루카 1,46-55 참조). 이 마리아의 노래는 동정 마리아가 가브리엘 천사의 방문을 받은 뒤 예수님을 잉태한 몸으로 엘리사벳을 찾아가서 부른 노래다. 하느님께서 이스라엘에 베푸신 구원의 신비를 찬양하며 감사하는 내용으로, 마니피캇은 '찬양하다'를 뜻하며, 이 노래의 첫 구절이다.

"내 영혼이 주님을 찬송하고, 내 마음이 나의 구원자 하느님 안에서 기뻐 뛰니 그분께서 당신 종의 비천함을 굽어보셨기 때문입니다.

이제부터 과연 모든 세대가 나를 행복하다 하리니, 전능하신 분께서 나에게 큰일을 하셨기 때문입니다. 그분의 이름은 거룩하고 그분의 자비는 대대로 당신을 경외하는 이들에게 미칩니다. 그분께서는 당신 팔로 권능을 떨치시어, 마음속 생각이 교만한 자들을 흩으셨습니다. 통치자들을 왕좌에서 끌어내리시고 비천한 이들을 들어 높이셨으며, 굶주린 이들을 좋은 것으로 배불리시고 부유한 자들을 빈손으로 내치셨습니다.

당신의 자비를 기억하시어 당신 종 이스라엘을 거두어 주셨으니 우리 조상들에게 말씀하신 대로 그 자비가 아브라함과 그 후손에게 영원히 미칠 것입니다."

통교, 소통의 푸엔테(Puente, 다리)

스페인어로 푸엔테(Puente, 라틴어로는 폰테Ponte)는 다리를 뜻한다. 사람과 사람 사이를 갈라놓은 자리에 통교의 길이 되는 것이 다리다. 그래서 사람 사이의 소통이 가능하도록 평생 다리를 놓는 일에 길 위의 성자들은 온몸으로 헌신했던 것이다. 사람 사이에 통교가 되고 소통이 되는 일에 헌신하는 사람들이 이 시대에 성인이 되지 않겠는가? 나아가 하느님과의 소통이 가능하도록 노력해야 한다는 것도 포함된다.

열한째 날
순례는 거룩한 바보들이 하는 수행의 길

비야프랑카 몬테스 데 오카(Vilafranca Montes de Oca)→산 후안 데 오르테가
(San Juan de Ortega)→비야프리아 데 부르고스(Villafria de Burgos) 29.6Km

부르고스(Burgos)의 산타 마리아 대성당(Catedral de Santa Maria)까지는 거리가
너무 먼데다가 도시의 소음과 복잡함은 피하고 싶어 한 마을 앞에 있는 비야
프리아 데 부르고스(Villafria de Burgos)까지 가기로 했다. 그곳까지도 먼 길이
지만 처음보다는 훨씬 튼튼한 다리로 바뀐지라 29.6Km를 감행했다. 하지만
웬만하면 30Km를 넘지 않으려고 한다. 처음보다 걷는 데에 많이 익숙해졌지
만 여기서 욕심을 부리다가는 내일 어떻게 될지 모르기 때문이다.

　13세기에 지어진 부르고스 산타 마리아 대성당은, 스페인의 고딕식 성당
중 가장 아름답고 큰 성당 중의 하나이기에 얼른 가서 보고 싶었다. 하지만
무리를 해서는 안 된다는 것을 몸이 그동안의 경험으로 전해 주고 있다.

　열흘이 넘게 걷고 있는데도 한 봉우리 한 봉우리 산맥을 넘을 때마다 숨
이 차고 땀으로 범벅이 되는 한여름 날씨 속에서, 밀려드는 고단함은 여전하
다. '나는 왜 걷는가?'라는 질문을 스스로에게 계속 던진다.

주여, 내 걸음이 꿋꿋이 당신 길만을 따르게 하소서.

오늘날 자동차, 비행기, 배 등 다양한 교통수단이 발전했기에 이렇게 원초적이고 느린 도보로 순례하는 것을 미련하다고 말하는 사람이 분명 있을 것이다. 리 호이나키(Lee Hoinacki)가 카미노를 순례한 후에 쓴 책,《산티아고: 거룩한 바보들의 길》(El Camino: Walking to Santiago de Compostela)에도 '바보들의 길'이라고 적고 있을 정도다.

그럼에도 그는 '산티아고 거룩한 바보들의 길'이라고 표현했다. 편하고 쉬운 방법을 선택하지 않고 불편하고 어려운 방법들을 선택한 사람들이기에 바보처럼 보일 것이다. 그러나 지극히 전통적이고 고전적인 도보 순례야말로 하느님을 향한 수행의 한 방법임을 순례하고 있는 수행자들은 알고 있다. 물론 가톨릭뿐만 아니라 다른 종교도 마찬가지다.

그러나 수행은 일부 종교인들에게만 적용되는 것은 아니다. 인생 자체가 순례이듯, 인생 전체가 사실 수행의 시간이요 장이기 때문이다. '자신의 죄가 다른 이를 얼마나 아프게 하고, 자신 또한 옥죄이게 했는가?'라는 죄에 대한 성찰의 시간이요 그에 따른 보속의 수행이 도보 순례다.

　　몸으로 한 걸음 한 걸음 그 아픔을 견디기 때문이다. 또한 한 걸음 한 걸음이 아프듯이, 다시는 이런 아픔의 죄를 반복하지 않겠다는 결심을 하는 걸음걸음이기에 수행인 것이다. 죄의 습성도 연습된 결과요 덕의 습성도 꾸준히 해 온 행동의 결과다.

'어떤 습성을 추구하겠는가?'의 문제다. 악습인가 아니면 습득덕(習得德, 인간이 일반적으로 노력하여 얻어지는 선행의 능력, 수양을 통해서 얻어지는 덕)인가?

습관(習慣)이라는 한자는 백로가 하늘을 날기 위해서 끊임없이 날갯짓을 할 때 하늘을 뚫을 수 있다는 의미를 전하고 있다. 끊임없이 넘어야 할 악습에서의 해방을 향한 수행자의 한 걸음 한 걸음은 작은 죄에서의 해방이요 보속인 동시에 기도인 것이다.

이러한 생각이 또 오늘을 순례할 수 있는 원동력이 되었다.

이 거룩한 숨!
나는 영원토록
네 정배가 되리라.
—
십자가의 성 요한 사제 영적 찬가 중에서

산티아고 순례 서적

산티아고 순례를 계획하거나 준비 중인 분들에게 리 호이나키가 쓴 카미노 순례기 《산티아고: 거룩한 바보들의 길》(김병순 역, 달팽이 출판)이라는 책을 추천하고 싶다. 꼭 읽어 보라고 권하고 싶은 마음에서 책 표지에 있는 그의 생애를 요약하여 전한다.

그는 1928년 미국 일리노이 주 링컨에서 태어나, 1946년 '세상을 보고 싶다'는 마음으로 해병대에 입대하여 중국에서 근무하다가 문화적 충격을 받게 된다. 1951년 도미니코 수도회에 들어가 1959년부터는 맨해튼의 빈민 구역에서 사목 활동을 했으며, 1960년 스페인어를 배우기 위해 푸에르토리코로 갔고, 거기서 신학자이며 철학자인 이반 일리치를 만나 평생 벗이 된다. 2년 후 칠레로 갔고, 4년 후에는 멕시코로 가서 이반 일리치와 연구소에서 일했다. 1967년 미국으로 돌아와 대학원(UCLA)에서 정치학을 공부했다.

그 후 미국에서 생거몬 대학의 정교수 자리를 사직하고 스스로 농사를 짓고 사는 농부가 되었다. 《산티아고: 거룩한 바보들의 길》은 그가 65세 되던 해에 카미노를 32일에 걸쳐 홀로 걸으면서 느낌과 사색을 기록한 책이다. 그의 사색은 종교적 감수성에서 비롯하여 역사적 고찰에서 현대 건축과 기술 발전에 대한 비판, 공간에 대한 신학적 이해에 이르기까지 뛰어난 영적 통찰력을 보여 준다.

리 호이나키가 전해 준, 18세기 중엽의 니콜라 알바니(Nicola Albani)가 쓴 산티아고 안내서에는 순례자들에게 필요한 몇 가지 조언을 담고 있는데 오늘날의 순례자들에게도 유익한 정보여서 인용해 본다.

첫째. 이렇게 긴 여행은 마음과 영혼이 진실하고 생각을 함께 나눌 수 있는 사람과 동행하라.
그런 사람을 찾을 수 없다면 혼자 가는 편이 낫다.
'나쁜 사람과 동행하느니 혼자가 낫다'는 속담이 있듯이 말이다.

둘째. 전염병이 돌거나 전쟁 중에는 떠나지 마라.

셋째. 건강이 좋지 않거나 체질이 허약한 사람은 가지 말아야 한다.
그리고 좋든 나쁘든 운명에 순응하는 것에 익숙해져야 한다.

넷째. 다리가 튼튼해야 하며 먹는 것을 너무 따지면 안 된다.
무엇이든 잘 먹을 줄 알아야 한다.

다섯째. 밤길은 절대로 피하고 수상쩍어 보이는 사람과는 동행하지 마라.
쉬는 곳에서는 너무 눈에 띄게 행동하지 말아야 한다.
돈에 대해서는 말하지 않는 편이 낫다.
다른 사람들 앞에서 절대로 금화나 은화를 꺼내면 안 된다.

알바니가 살았던 18세기에는 카미노를 따라서 숙소마다 진을 치고 있는 가짜 순례자들이 많았다고 한다. 지금은 그렇지는 않지만 카미노도 상업화되면서 다양한 사람들이 모이니 위의 조언들을 명심하자.

준비 TIP. 8
순례 시 유의할 점

몇몇 한국인 자매를 만났는데, 어떤 학생은 돈을 잃어버렸고, 어떤 학생은 새벽과 한낮에 홀로 걷는 동안 외국인 남자로부터 추행을 당할 뻔했다는 이야기를 들었다. 물론 다 그런 것은 아니지만 관광으로 명성을 얻고 있는 스페인의 유명 도시나 사람이 많이 모이는 곳과 또 너무 외진 곳에서는 늘 조심해야 한다. 예전에 금전을 노리는 도둑과 강도들의 위험이 있었듯이 요즘에는 순례자를 가장한 도둑이나 사기꾼들이 도사리고 있기 때문이다.

열두째 날
메세타(Meseta) 평원은 영혼의 길

비야프리아 데 부르고스(Villafria de Burgos) → 부르고스(Burgos) → 타르다호스
(Tardajos) → 오르니요스 델 카미노(Hornillos del Camino) 27.7Km

지난밤 날씨가 너무 더워 잠을 설쳤다. 몸이 찌뿌듯하다. 커피 한 잔을 마시
고 나니 정신이 드는 것 같다. 새벽 4시에 일어나면 늘 해야 하는 일이 참 많
다. 화장실에 가고, 씻고, 배낭을 다시 꾸리고, 커피 한 잔하거나 과일 하나
먹고. 그 후에 배낭 메고, 한 손에는 지팡이 짚고 또 다른 손에는 묵주 들고,
오늘 기도해 주기로 약속한 사람들 명단을 펴 보고, 슬슬 몸을 푸는 준비운
동을 하고 출발하기까지 한 시간이나 걸린다.

　이제는 모두 익숙해진 행동들이다. 아침에 이 준비를 잘해야 하루 순례
가 편안하다. 먹고 자고 용변 잘 보는 것이 제일 중요한 준비 과정이다. 사실
도심지에서 바쁘게 살다가 온 순례자들에게 무엇이 제일 어렵냐고 물으면 이
기본적인 것이 잘 안 된다고 한다. 다행히 나는 웬만하면 잘 자고 잘 먹고 아
침이면 늘 배설하니, 자유로울 수 있는 하루 준비는 마친 셈이다. 준비 시간
이 충분해야 한다는 것을 생각하며 오늘을 시작하였다.

당신이 만드셨으니 바다도 당신의 것, 마른 땅도 당신이 손수 만드시었네.

부르고스의 산타 마리아 대성당까지의 거리가 너무 멀다는 어제의 생각은 적중했다. 새벽 5시에 출발하여 도시 골목골목을 빠져 나와 대성당 입구까지 2시간이 넘게 걸렸다. 대성당의 웅장함과 장엄함, 거기에 내비치는 아침 햇살이 감동을 더해 주었다. 성당이 잘 보이는 바(bar)에서 화장실을 이용할 겸 커피 한 잔을 주문했다. 성당을 감상하며 잠깐의 휴식 시간을 갖는 사이에, 성당 앞 알베르게에 묵은 한국 청년 순례자들을 만날 수 있었다. 그런데 모두가 지쳐 있고 다리를 절룩거린다. 어제 35~40Km를 걸어 오늘은 지쳐 못 걷겠다고, 쉬고 싶단다. 청년들의 열정이 참 대단하다. 그러나 반면에 열정이 신중함을 갖지 못하면 주저앉게 된다는 것을 그들도 깨달았을 것이다.

앞으로 메세타(Meseta)의 대평원이 시작될 것이다. 이미 4년 전에도 경험했지만, 이 평원은 해발 고도 800m 이상에 펼쳐진 100Km나 되는 긴 거리다. 4일간을 꼬박 걸어야 이곳을 관통할 수 있는데, 끝없이 펼쳐지는 농경지로 가장 평화롭고 조용한 흙길이다. 비옥한 땅에서는 밀이 자라고, 덜 좋거나 더 높은 곳의 땅에서는 보리와 큰 양귀비 밭을 볼 수 있다. 그러나 메세타에는 그늘이 거의 없기 때문에 햇빛으로부터의 도전과 계속되는 똑같은 경관이 사람을 지루하게 할 수 있다는 안내서들 때문에 젊은이들은 때로는 이 지역을 차로 이동하기도 한다. 너무 힘들고 허기졌을 때는 끝없이 펼쳐진 밀밭과 보리밭의 구릉지가 사막같이 보이기도 하는 곳이다. 그러나 나는 가장 좋은 길로 기억한다.

어쨌든 이제 메세타가 시작되는 장소이기에 여장을 꾸리고 마음의 끈도 다시한 번 조여 가며 순례를 계속하였다.

하늘과 땅이 맞닿아 있는 메세타 평원을 계속 걷노라면 황야같기도 하고 사막같기도 한 느낌이다. 하늘과 땅이 맞닿아 있는 그 사이에 내가 서 있다. 그런데 지금 나는 어디에 서 있는가? 때로는 모든 방향성을 잃은 것처럼 땅으로는 사방이 모두 사막이고, 위로는 오로지 하늘에 감싸여 있는 곳, 아무 생명체도 없는 곳을 홀로 걷는 느낌이다.

아마 화살 표시도 없었더라면 방향 감각을 전혀 갖지 못했을 것이다. 때로는 햇빛에 비친 나의 그늘을 보며 걷게 되는 길이다. 서쪽으로 서쪽으로 땅끝을 향해 말이다.

끝이 없어 보이는 미지의 세계, 단지 태양에 의지해 비치는 그늘진 내 모습만을 바라보며 나는 누구인가를 넘어, 나는 어디에 있는 것인지, 그리고 어디를 향해 가고 있는지를 묻게 되는 길이었다. 그동안의 여정이 '내가 여기 왜 왔지, 왜 걷지?'라는 물음 속에 '나는 누구인가?'의 정체성에 대한 문제를 가지고 고민하는 길이었다면, 이 광활한 평야의 길은 '내가 어디에 있는지, 내가 어디를 향해 가고 있는지'를 묻게 했다.

그늘이 없어 쉴 곳이 별로 없는 길이었지만, 걸어 걸어 오늘의 목적지인 오르니요스 델 카미노(Hornillos del camino)라는 작은 마을에 도착하였다. 한낮의 더위 때문에 사람이라곤 쉽게 볼 수 없는 작은 마을에서 숙소를 정한 후 샤워하고, 물어 물어 작은 구멍가게를 찾아 요기할 것들을 사고, 조용히 미사도 봉헌하며 하루를 또 마감했다. 이제 산티아고까지 469Km가 남았단다.

열셋째 날
간구를 청하는 영혼의 길

오르니요스 델 카미노(Hornillos del Camino) → 온타나스(Hontanas) →
카스트로헤리스(Castrojeriz) 21.2Km

메세타 평원의 한 숙소에서 하룻밤을 보낸 후 또 하루의 여정이 시작되었다.
산티아고로 순례를 떠나겠다는 말을 교구장이신 유흥식(라자로, 대전교구장)
주교님께 했을 때, "좋은 순례 길이 되셨으면 합니다"라는 말씀과 함께, 마르
티니 추기경님이 쓰신 ≪하느님과 함께 5분≫이라는 성경 묵상집을 주셨다.
작고 가벼운 책이라 날마다 한두 페이지를 읽어 왔는데, 사실은 쉽게 넘길
수 없는 좋은 묵상집이다.

어젯밤과 오늘 새벽 읽은 내용을 소개하며 출발한다.

"우리는 올바른 방식으로 기도할 줄 모르지만, 성령께서 몸소 말로 다할 수 없
이 탄식하시며 우리를 대신하여 간구해 주십니다"(로마 8,26).

이 성경 구절에 대한 마르티노 추기경님의 말씀은 다음과 같았다.

"기도는 우리가 지어 내는 것이 아니라 하나의 은총이요 신비라고 사도 바오로는 고백합니다. 우리가 기도를 드리기는 하지만, 사실 기도는 성령을 통해 하느님께서 하시는 일입니다. 기도의 고단함, 건조함, 시련이 떠오를 때마다 사도의 말씀을 떠올립시다. 우리는 기도할 줄 모릅니다. 그것은 당연합니다. 사도 바오로가 먼저 그런 무능을 경험했을 것입니다. 성령께서 우리 안에서 기도하신다는 진리는 우리에게 위안을 줍니다. 우리는 성령께 자리를 내어 드리면 됩니다. 우리가 이루려는 것보다 우리의 기도가 하늘에 더 잘 올라갈 수 있도록 성령께서 오시게 하면 됩니다."

주여 내 소리를 들어주소서.

너희의 마음이 안식을 얻으리라.

끝없는 메세타 평원의 건조함, 계속하여 수없이 바친 로사리오 기도의 고단함이 시련으로 다가왔는지, 위의 말씀은 나에게 큰 위로가 되었다. '저는 기도할 줄 모릅니다. 성령께서 나와 함께해 주십시오'라고 계속 청원하며 순례의 여정은 계속되었다.

성령께 간구를 청하며 성모님께 로사리오 기도를 봉헌하다 지쳐, 잠시 염경 기도를 멈추고 평야를 바라보았다. 너무도 드넓은 곳에서, 또 어딘지도 모르는 곳에서, 또 어디가 끝인지도 모르는 곳에서 '많이 왔는데, 내 나이를 생각해도 많이 왔는데…'라는 생각이 갑자기 머리를 스친다. 이제는 내리막길에 접어들었는데 말이다. 끝이 없는 것처럼 보이는 이 길처럼 한없는 인생인 줄 알고 살아온 날들이다. 한없는 착각과 착시 속에 살아왔다는 생각을 하며 잠시 걸음을 멈추어 본다.

남은 길을 어떻게 갈까?
남은 인생을 어떻게 살아야 하는가?
이 길은 인생을 가르치고 있었다.
남은 인생길을 어떻게 살아야 하는지 고민하라고 말이다.

저 멀리 오늘 쉬어야 할 숙소가 보인다. 오늘도 고된 하루였다. 하루도 고되지 않은 날이 없으니…. 클라라 성녀를 기념하는 경당에 들어가 조배한 후 미사를 봉헌했다. 잠자리 찾기와 빨래하기와 먹을 것 찾기는 여전히 계속되었다.

열넷째 날
이미 성령께서 함께하신 길

카스트로헤리스(Castrojeriz) → 이테로 델 카스티요(Itero del Castillo) →
보아디야 델 카미노(Boadilla del Camino) → 프로미스타(Frómista) 25.5Km

참으로 이상한 일이다. 어떻게 기도할지도 모른다고, 어떤 방식으로 기도해야
하는지도 모른다고 성령께서 함께해 주시기를 청하며 어제 하루를 순례했는
데, 오늘 유난히도 정신이 맑게 깨었다.

오늘은 메세타 평원이 끝나는 날이기 때문에 그런가? 그건 분명 아니었
다. 메세타의 대평원을 캄캄한 새벽 공기 속에, 더군다나 보름달이 훤히 비치
는 밀밭 사이를 로사리오 기도를 봉헌하며 한없이 걷는다는 것이 행복하다.
아니 감격에 가까운 마음으로 달빛 아래 2시간을 걸었다.

언제 내가 아침에 〈태양의 찬가〉를 부르며 깨어났던가? 늘 떠오르는 날
들인데 점점 갈수록 감수성이 살아나는 것일까? 하루가 시작되는 여명을 맞
이한다는 것이 매일 감동이요 감격이다. 어둠 속에서 빛이 탄생하는 과정이
신비롭게 다가온다. 더불어 밤새 지쳐 죽어 있던 내 육신이 깨어난다는 것이,
정신과 영혼이 깨어난다는 것이 신비스럽다. 부활이라는 단어가 새롭게 다가
온다. 달빛 아래 시원 상쾌하고 달콤한 새벽 공기를 마음껏 마시며, 기도의
방식을 모르는 나에게 성령께서 함께하시기를 청한다. 이 맛있는 공기를 한없
이 들이켠 육신처럼 내 영혼과 정신에 성령께서 가득히 내리시길 청하였다.

정작 기도가 필요한 사람은 나라고 생각했는데, 오늘은 유난히 나에게 기도를 청했던 사람들이나 기도해 줘야겠다고 평소에 생각했던 사람들이 많이 떠오른다.

병마 속에 싸우시는 서봉세 질베르토(Gilberto) 신부님,
암 투병 중에 있는 로사 자매님과 유스티나 자매님,
성지에 한 달씩 기도를 청하며 자세하게 지향을 적어 주신 분들,
실망에 젖어 있는 분들,
어떻게 살아야 할지 모르겠다고 눈물을 흘리던 젊은 청년,
성전 건축을 위해 커피를 팔고 온갖 장사를 하는 신부님과 교우 분들,
우울증으로 고생하시며 어떻게 해야 기쁨이 있냐고 하소연하던 분,
밤새 불면증으로 매일이 힘들다는 분 등등….

사람들의 이루 말할 수 없는 아픔과 고통들이 떠오른다. 로사리오 기도를 하며 한 분 한 분을 위로해 주십사 한없는 전구를 청했다.

갑자기 왜 이렇게 무수한 사람들의 아픔과 고통이 떠오른 걸까? 이러한 시간을 갖게 된 것이 은총이란 말인가? 아니면 성령께서 함께한다는 징표인가? 이러한 고민 속에, 벌써 오늘 우리가 도착해야 할 지점에 이르고 있었다. 오늘도 꽤 긴 여정이었는데 어떻게 이리 빨리, 그리고 쉽게 올 수 있었는지 모르겠다.

밤 그늘 바야흐로 엷어져 가며 동트는 새벽하늘 밝아오나니
정성을 가다듬어 노래 부르며 전능하신 하느님께 기도드리리다.

성령께서 함께하신다는 것은 하느님의 마음이 바로 내 마음이 된 시간을 보냈다는 것을 요 며칠 메세타 평원을 걸으면서 느꼈다. 달리 표현하면, 이렇게 수많은 사람의 아픔과 고통이 떠올라 기도하게 된 것은 하느님 연민의 마음, 하느님 자비의 마음이 내 안에 함께하였기 때문에 가능했다는 점이다.

　그리고 그 마음으로 함께 걷는 시간이 성령이 함께 머문 시간이었다는 점이다.

이렇게 메세타 평원은 성령께서 나에게 머무시도록 나를 내어 드릴 때, 내 마음은 하느님의 마음이 된다는 사실을 가르쳐 주었다. 또한 하느님께서 고통받는 사람들과 함께하신다는 사실을 알 수 있다. 그렇지 않고서야 고통과 아픔을 당하는 그 많은 사람을 떠올릴 수가 없을 것이다.

열다섯째 날
그날의 십자가는 그날 져야 하는 길

프로미스타(Frómista) → 비얄카사르 데 시르가(Villalcázar de Sirga) →
카리온 데 로스 콘데스(Carrión de los Condes) 19.7Km

프로미스타의 아름다운 성당들을 뒤로하고 새로운 여정은 계속되있다.
오늘은 내일을 대비하여 적게 걷는 날이다. 다음 날은 오늘 도착지에서
17Km까지 사이에 커피 한 잔 마실 바(bar)도, 숙소인 알베르게도 없는 길들
이니 주의하라는 안내서를 읽었기에, 오늘은 카리온 데 로스 콘데스(Carrión
de los Condes)까지 가기로 결정하였다.

　길들이, 숙소 사이의 거리가 하루하루의 일과를 잘 계획해야 갈 수 있
는 카미노, 너무 많이 걸어도 너무 적게 걸어도 안 되는 카미노임을 확인시켜
주고 있다. 하루 적당량의 일을 하고 쉬라는 경고를 전하는 듯하다. 너무 많
은 일을 몰아서 하고, 일이 없을 때는 아무것도 안 하는 불규칙한 생활 태도
들을 바꾸라고 전하는 메시지가 아닌가 싶다. 이런 생각 속에 오늘은 지나온
내 생활 규칙들을 점검하는 시간을 갖도록 하자는 마음이 들었다. '이제 어떻
게 살아야지?'라는 물음이 제기되었기 때문이다.

　규칙이 인간을 정형화할 때 사람들은 일상의 탈출을 꿈꾼다. 규칙이 왜
생겼는지 그 원인을 생각하지 않고, 규칙만을 따랐을 때 일상은 쉽게 지친다.
규칙이 나를 통제하는 것처럼 느끼기 때문이다. 그럴 때 사람들은 규칙을 수
동적으로 따르며 살게 된다.

주여, 당신 자비가 하늘까지 이르고
진실하심이 구름까지 닿나이다.

깨끗한 마음과 꾸밈없는 사랑으로
주님께 모두 되돌아오라.

그러기에 '내 삶의 규칙은 왜 있는가?'를 알아야 하고, '나는 이러한 규칙을 왜 세웠는가?'를 생각할 때, 매일 반복되는 일상의 삶을 우리는 능동적으로 접하게 된다. 이러한 규칙은 목표, 즉 이상이 포함되어 있기 때문이다. 깊이 생각하지 않았던 주제는 아닌데 그동안 형식적으로, 아니면 불규칙하게 살아오는 가운데 우리가 잃어버린 주제다. 감사한 일이다. 이런 생각들을 떠오르게 했으니 말이다. 나는 내 삶의 규칙들을 가지고 있는가? 불규칙하다면 그것이 이로운 불규칙인가? 해로움을 가져다주는 불규칙인가? 생각해 본다.

그러면서 무엇보다도 앞으로 나와 타인들을 유익하게 할 규칙들 중 기본적인 몇 가지는 꼭 지켜 나가겠다는 결심을 가져 본다.

첫째, 미사와 로사리오 기도는 매일 꼭 바친다.
특히 로사리오 기도는 하루에 틈틈이 20단을 봉헌한다.

둘째, 매일 2시간 이상 책상에 앉아 공부하는 습관을 갖는다.
특히 오전 7시 30분~9시 30분 혹은 저녁 8~10시가 좋겠고,
4시간이면 더 좋겠다.

셋째, 하루 1시간 오후 6~7시에 건강을 위해 꼭 걷는다.
일이 바빠 이것이 힘들다면 되도록 4Km 이상을 걸어서 움직이도록 한다.

넷째, 체중계를 사다 놓고 매일 체중을 체크하여
과식과 탐식을 경계하도록 한다.

다섯째, 순례자들을 맞이하는 것이 나의 임무이니만큼
순례자들을 반갑게 맞이하도록 한다.
되도록 순례자들이 떠나는 시간에 꼭 인사를 드린다.

여섯째, 성지를 아름답게 가꾸는 것이 또한 해야 할 도리이니 성지 주변을
매일 돌아보며 체크한다.

일곱째, 매일 계속되는 일상이 한 걸음 한 걸음으로 산티아고에 다가서는 것
처럼, 나의 삶이 하느님께 다가기는 과정임을 늘 잊지 않도록 한다.

이러한 삶의 약속들을 정하며 자동차가 다니는 옆길의 직선 자갈길을 걷게
되었다. 자동차는 직선으로 빨리 달리는 데 반해 나는 천천히 주변을 살피며
걷는다. 빠른 속도로 이동할 때 보지 못했던 수많은 것이 보였다. 들꽃들, 개
미들, 보리들, 밀들, 흙덩이들, 돌들….

빠른 속도로 이동할 때 긴장하며 생각하지 못했던 일들도 오늘 생각할 수 있
고, 성찰하는 가운데 어떻게 살아야 할지 규칙도 세울 수 있었다.

앞으로 너무 바쁘게 살아온 시간들을 여유 있게 바꿀 수 있는 방법들을
찾아 나서야겠다. 사실 내 삶을 가만히 바라보노라면 바쁠 것이 없다. 바쁜
척한 시간들일 뿐이다. 무엇이 나를 바쁘게 하고, 무엇이 나를 이끌고 가는
가? 그것은 내가 아니라 주변 것들에 몰두하기 때문이다. 잠시 성당에 들러,
주변 것이 아닌 내 마음의 소리에 집중하는 시간을 갖는 것으로 오늘의 순례
길을 정리했다.

땅거미 지기 전에 기도하오니
밤에도 변함없는 자비를 베푸시어
우리를 이끄시고 지켜주소서.

열여섯째 날
지루한 길에서 배우는 일상의 길

카리온 데 로스 콘데스(Carri ón de los Condes) → 칼사디야 데 라 쿠에사
(Calzadilla de la Cueza) → 산 니콜라스 델 레알 카미노(San Nicol ás del Real
Camino) 32.6Km

지난밤 동네 축제일이었는지 시끄러운 통에 늦게 잠을 자야 했다. 새벽 4시
15분 몸을 일으키기가 조금 버거웠지만 고될 오늘 여정을 생각하니 긴장감이
생긴다. 오늘은 17Km에 이르는 첫 구간부터 직선 도로 옆길인데다, 화장실도
가고 커피도 마실 수 있는 휴식 공간인 바(bar)도 없는 길이다. 미리 준비해
놓은 카스텔라 빵과 우유 한 잔을 마시고 물병을 가득 채운 후 출발했다. 달
을 머리에 이고 전투에 나선 군인처럼 나섰지만, 4시간 동안 지루하게 걸어야
하는 일직선인 찻길 옆 자갈길이 점차 고통을 주기 시작했다. 직선 길이 이렇
게 지루하기는 처음이다. 이 지루한 여정 동안 '나는 어디에 있는가?'라는 질
문은 계속되었다.

축제는 무엇인가부터 생각하였다. 내가 아는 상식으로 축제는 일상의 삶을
탈출하여 '과거에 일어난 일을 회상하는 가운데 미래를 위해 오늘을 사는 것'
이다. 스페인은 여러 지역에서 여름 내내 축제가 열린다. 오죽하면 스페인의
축제만을 따라다니는 여행객이 있을 정도라는 글을 읽은 기억이 있다. 그런데
관광객을 유치하기 위해서나 상업적인 이유로 오늘날의 축제는 많은 면에서

본질을 비켜 가고 있는 듯하다. 어제 고성방가와 먹고 마시는 모습으로 전락한 축제는 오늘 아침 출발 선상에 있는 우리 눈살을 찌푸리게 만들었다. 축제로 인해 어제 잠을 설쳤을 뿐 아니라, 술에 취해 길거리에 쓰러져 있는 젊은이들의 모습은 나를 슬프게 했다. 축제의 정신을 좀 더 생각하고 의미를 되살리기를 바란다. 더불어 대한민국 곳곳에서 벌어지고 있는 축제들, 때로는 기억할 것도 없는 것까지 축제라고 하는 우리의 축제가 생각나는 것은 무엇 때문일까?

쓸쓸한 마음으로 지루한 일직선 길을 계속 걷자니 또 비판적인 생각이 든다. 산업화와 경제화를 빠르게 추진한 결과의 하나가 고속도로다. 그런데 이 일직선의 길이 아날로그적인 인간의 몸을 지루하게 만든다. 한국에서도 고속도로를 운전하다 보면 자주 지루한 느낌을 가졌다. 이 지루함은 때로 졸음까지도 불러온 기억이 떠오른다. 그래서 국도로 자주 운행하곤 했었다. 인간을 살리기 위한 길이 무엇인지, 때때로 고속도로 위의 대형 사고들을 생각하면 아찔할 따름이다. 너무 빠름은 사람을 긴장시키기도 하지만 빠름의 지루함은 졸음으로, 나아가 인간을 죽음으로까지 내몰 수 있다는 생각이 나를 휘청거리게 한다.

그럼에도 4시간 이상 계속된 일직선의 자갈길은 나의 삶 안에서 일상의 틀에 박힌 지루한 생활들을 생각하게 하였다. 하루하루 의미도 없는 것 같은 이런저런 일상들, 아무 생각 없이 걷듯 하루하루 보낸 시간들이었다. 그러나 언젠가는 끝날 것이라는 희망이 나를 끌어왔듯이, 정신적으로 영적으로 메마른 상태에서도 희망의 끈은 놓지 말아야 한다는 생각으로 버티기도 했었다. 언젠가는 도착지에 이른다는 희망이 있기 때문에. '희망은 바로 절망의 해독제'라는 프란치스코 교황님의 말씀이 머리를 스친다.

하느님,
저를 도우시어 보호하소서.

제게 고통의 길이 있는지 보시어 저를 영원의 길로 이끄소서.

그분을 믿어라,
그분께서 너를 도우시리라.
너의 길을 바로잡고 그분께 희망을 두어라.

습성에 젖은 나날은 나를 가두는 감옥이요,

이 감옥은 절망이 된다.

믿음과 사랑이 희망이 되어야 한다.

먹고 살기 위해 노력하는 모든 사람,

갖가지 고민과 상처와 아픔을 갖고 있지만

묵묵히 일상의 삶을 이어가는 사람들,

자녀들을 위해 모든 것을 잊고 하루하루 열심히 일하는 사람들,

학업을 위해 많은 것을 인내하며

매일 공부하며 단순하게 시간을 보내는 젊은이들,

가정에서 가족들을 위해 매일 청소하고 밥하고 집 안을 가꾸는 주부들,

가정을 위해 일하는 우리 시대의 가장들,

수도 생활의 단순성을 매일 이어가는 일상의 수도자들,

사실 모두가 이 시대를 함께 살고 있는 수행자들이요 성인들이다.

똑같은 시간과 단순한 일상을 살아가는 우리다.

그 안에 희망을 품고 있는지, 그리고

'주님의 뜻을 저에게 이루소서!'

라는 지향으로 사랑을 품고 사는지가 관건이다.

숙소를 정하고 난 후 폐허가 돼 문을 닫은 성당 앞에서, 이번 여정을 조용히 함께 하시는 권 프란치스코 회장님과 우리 주변을 맴돌고 있는 비둘기 두 마리와 미사를 봉헌하며 오늘 하루를 마친다. 오늘 오후 일과도 다른 때와 다름없이 숙소 정하고, 빨래해서 널고 걷고, 내일 걷게 될 길에 대한 안내서를 읽어 보고, 미사드리고, 밥 먹고, 잠시 일기 쓰고 잠을 청한다. 지루했지만, 지루함을 넘은 희망이 있었기에 오늘 순례도 가능했다. 우리는 희망을 향해 가는 순례자다.

은총의 길이라는 것을 모르고 걷는 길

산 니콜라스 델 레알 카미노(San Nicolás del Real Camino) →사아군(Sahagún) →
베르시아노스 델 레알 카미노(Bercianos del Real Camino) →
엘 부르고 라네로(El Burgo Ranero) 25.3Km

오늘은 7월 5일 성 김대건 안드레아 사제 순교자 대축일이다. 오늘 솔뫼 성지
에서는 대전교구장이신 유흥식 주교님이 방문하시어, 교우들과 미사를 봉헌
하실 것이다.

  '옆에서 도와 드렸어야 하는데'라는 죄송한 마음으로 하루를 시작한다.
강진영(요셉, 솔뫼 성지 전담 보좌) 신부님이 잘 도와 드릴 것이라는 믿음을 가
지고, 순례 길의 기도 안에서 분명 함께 만나리라는 믿음을 가지고, 또 한 걸
음을 내딛었다.

과연 이 고생의 길이 은총의 길인가? 물론 오늘을 걷고 있는 나도 이것이 은
총이라고 믿기지는 않는다. 인간이 '은총의 시간이었다'고 확인할 수 있는 때
는 돌아다볼 때임이 틀림없다. 이것을 확인시켜 주는 성 김대건 안드레아
(1821~1846년) 신부님의 일화가 있다.
때는 1845년, 당시 김대건 부제는 조선에 몰래 입국하여 서양 선교사인 조선
교구 제3대 교구장이던 고 페레올(Ferreol Jean Joseph, 1839~1853년 재임) 주교
님과 안 다블뤼(Daveluy Anthony, 1818~1866년, 훗날 조선교구 제5대 교구장이

됨) 신부님을 모시고자 서울 한강의 밤섬에서 제작된 배 한 척을 준비하고 석정동(돌우물골)에 집 한 채를 사 두었다.

당시 김대건 부제가 샀던 배는 강에서 고기를 잡던 밑바닥이 평평한 배였다. 그렇기에 이 배는 바다의 폭풍우를 견디지 못하고 황해를 건너 상해로 가던 중 돛이 찢기고 키가 부러졌으며, 나중에는 돛대까지 부러지게 되었다. 이때 선원들은 2박 3일간 먹지도 잠을 자지도 못했다고 기록하고 있는데, 김대건 부제는 돛대 밑에 기적의 메달 성모님 상본을 펼쳐 놓고 선원들과 함께 성모님께 전구를 청한다. 그러자 폭풍이 잠잠해지고 선원들은 마침내 잠을 잘 수 있었다고 김대건 신부님의 편지는 기록하고 있다.

"저는, 성모님 기적의 상본을 보이면서 '겁내지 마십시오. 우리를 도우시는 성모님이 여기에 우리와 함께 있지 않습니까?' 하고 말하였습니다. 그리고 이와 비슷한 말로 될 수 있는 한 그들을 위로하고 그들에게 용기를 주었습니다. 이제 우리는 모든 인간적인 도움을 잃고 오직 하느님과 복되신 동정 마리아께 기대를 걸고 잠을 자기 시작하였습니다."

40여 일 만에 상해에서 100Km 떨어진 오송 항구에 도착한 후 배를 수리하여 상해로 도착해 고 페레올 주교님과 상봉하게 된다. 고 페레올 주교님은 "저런 배를 타고도 이렇게 상해에 도착할 수 있도록 하신 하느님이라면, 우리 또한 저 배를 타고 조선에 입국하는 것을 허락하실 것이다"라는 믿음으로, 이 배 이름을 '하느님께서 도우신다. 보호하신다'는 뜻으로 '라파엘 호'라 명명한다.

이 배를 타고 다시 고 페레올 주교님과 안 다블뤼 신부, 김대건 세 신부는 조선 밀사들과 함께 조선 입국을 시도한다. 또다시 서해의 폭풍우에 밀려 라파엘 호는 제주도를 통해 상경 황산포로 들어오게 된다. 조선 입국에 성공하게 된 것이다.

훗날 달레의 《한국 천주교회사》(샤를르 달레 저, 한국교회사연구소)는 이러한 일화를 역사적으로 서술하면서, '이 모든 것이 선교사들의 나침반 노릇을 해 주신 성모님의 전구 덕분이었으며, 하느님 섭리의 시간들이었다'고 기록하고 있다.

"성모 마리아! 저 바다의 별이 김 안드레아가 위험한 여행을 하는 동안 등대 노릇을 하여 주시었고, 그가 조선에 들어올 때에 조그만 라파엘 호의 나침반 노릇을 하신 것도 성모 마리아였다."

3일간의 폭풍우 속에서 배 위에서 사투를 벌여야 했던 김대건 부제와 선원들은, 그 시간을 성모님의 전구의 시간이요 하느님의 섭리라고 확신했을까? 단지 죽음 앞에서 성모님께 기도를 청한 것일까? 성모님의 전구가 확실히 도움이 된다는 것을 확신하고 있던 김대건 부제의 신앙심이 기도를 하게 한 것이었다. 분명히 성모님과 주님께서 도와주실 것이라는 믿음으로.

이와 같은 확고한 믿음과 희망이 그를 조선 최초의 방인 사제가 될 수 있게 하였다. 그리고 26세에 죽음까지 받아들이며 순교하여 한국 교회의 또 다른 초석이 될 수 있게 만든 원동력이 되었다.

죽음 앞에서도 당당했던 성 김대건 안드레아 신부님의 순교 장면이 떠오른다. 수많은 구경꾼과 그 사이에 숨어 있던 신자들, 한강 새남터에서 망나니들의 여덟 번째 칼에 순교하신 분, 순교 직전 성인은 모든 사람에게 큰 소리로 외친다.

"이제 나는 마지막 시간을 맞이하였으니, 여러분은 내 말을 똑똑히 들으시오. … 나는 천주를 위하여 죽는 것입니다. 영원한 생명이 내게 시작되려고 합니다. 여러분이 죽은 뒤에 행복하기를 원한다면 천주교를 믿으시오."

햇순이 새록새록 돋아 감람나무처럼 멋지고 레바논 숲처럼 향기로우리라.
—
호세 14, 7

"일어나 비추어라! 순교자들의 얼이 우리를 비추고 있다."
—
'시복미사' 중

그토록 바라고 바라던 영원성, 영원한 생명에 대한 믿음과 희망이 그를 사랑의 화신이 되게 하여 한국 땅을 비추고 있다. 이와 같은 사실이 명백함을 확신시켜 주는, 지금도 믿기지 않는 또 하나의 사건이 있었다.

지난 2014년 8월 15일 프란치스코 교황님께서 아시아의 젊은이들을 만나기 위해 한국에 오셨다. 그리고 〈아시아 청년 대회〉와 〈한국 청년 대회〉 개최지인 대전교구를 방문하셨다. 성 김대건 안드레아 신부님의 탄생지이자 그 집안이 4대에 걸쳐 신앙을 증거한 솔뫼 성지에서 젊은이들과 만남의 시간을 마련하셨다. 순교자들이 하늘나라로 오르신 해미 순교 성지에서 폐막 미사를 봉헌하신 역사적인 사건이 일어난 것이다.

하느님의 섭리, 은총의 시간들은 그 순간 잘 이해되지 못한다는 생각이 든다. 성 김대건 안드레아 신부님의 고난의 시간들이 '하느님의 섭리요 성모님의 전구로 보호 받는 순간들이었다'는 것은 훗날 역사가들이 이해를 뛰어넘는 하느님의 사건으로 밝히고 있기 때문이다.

나에게도 이런 섭리의 시간들이 있었다는 것을 짧은 인생을 되돌아보며 깨닫게 된다. 힘들었던 시간들과 길들이 돌아다보면 아름다운 것과 같이, 하느님을 향해 나아가고자 노력했던 지난날의 시간들이 아름다운 순간이고 길이었다. 신학생 시절, 젊은 사제 시절, 경험도 부족하고 쉽게 결정하기 어려운 일들도 참 많았다. 하지만 많은 좋은 사람을 하느님께서 보내 주시어 도와주셨던 일들을 생각하면, 지난날 나는 그 시간의 중요성을 몰랐지만 '모두가 감사의 순간이었고, 은총의 시간이었고, 하느님께서 섭리하신 배려의 시간'들이었다.

지금 이 순례의 시간들, 이 순례의 길도 언젠가 은총의 시간으로 하느님의 섭리의 시간으로 다가오게 될 것이라는 희망으로 〈성 안드레아 김대건 신부 노래〉(《가톨릭 성가》 287번)를 부르며 앞을 향해 나아가는 하루였다.

서라벌 옛 터전에 연꽃이 이울어라 선비네 흰 옷자락 어둠에 짙어갈 제
진리의 찬란한 빛 그 몸에 담뿍 안고 한 떨기 무궁화로 피어난 님이시여

동지사 오가던 길 삼천리 트였건만 복음의 사도 앞에 닫혀진 조국의 문
겨레의 잠깨우려 애타신 그의 넋이 이역의 별빛 아래 외로이 슬펐어라

해지는 만리장성 돌 베개 삼아 자고 숭가리 언저리에 고달픈 몸이어도
황해의 노도엔들 꺾일 줄 있을쏘냐 장할쏜 그 뜻이야 싱싱히 살았어라

한강수 굽이굽이 노을이 복되도다 열두 칼 서슬 아래 조찰히 흘리신 피
우리의 힘줄 안에 벅차게 뛰노느니 타오른 가슴마다 하늘이 푸르러라

가신 님 자국자국 남긴 피 뒤를 따라 싸우며 끊임없이 이기며 가오리니
김대건 수선탁덕 양떼를 돌보소서 거룩한 주의 나라 이 땅에 펴주소서

오늘 여정의 뒷모습은 걸을 때는 잘 몰랐는데, 사진으로 돌이켜보니 아름답기만 하다.

214

열여덟째 날
다양한 길을 만나는 길

엘 부르고 라네로(El Burgo Ranero) → 렐리에고스(Reliegos) → 만시야 데 라스
물라스(Mansilla de las Mulas) → 비야렌테(Villarente) → 레온(León) 37.8Km

오늘은 강행군을 하기로 결심하고 이른 아침 길을 나섰다. 전체 일정 중 하루
를 줄이기로 하였기 때문이다. 우리나라의 두 번째 사제이자 김대건 신부님
과는 동창이었던 최양업 신부님은 하루 100리(40Km) 길을 걸으며 전교하셨
다고 하는데, 나라고 40Km를 못 걷겠는가? 하는 오기도 발동했다.

아침 먼동이 트는 저 먼 곳에 이상한 것이 보인다. 젊은이 몇몇이 추수한
밀밭더미 위아래에서 자고 있는 모습이다. 청년들의 용기와 열정이 부럽다. 이
제 저런 세월은 내게 없으니 말이다. 만약 저렇게 노숙한다면 병에 걸리고 말
것이다.

오늘은 많이 걷는 만큼 다양한 종류의 길을 만났다. 들판 길·산길·오솔길도
걷고, 다리도 건너고, 지평선 같은 끝없는 길도 걸었다.

걷고 있는 길의 종류가 수없이 많다는 것을 오늘 알게 되었다. 그리고 다
똑같은 길이 아님을 알 수 있었다. 평탄한 흙길, 평탄하지만 자갈길, 평탄하지
만 먼지 나는 길, 평탄하지만 풀길도 있고 꽃길도 있다. 평탄한 길에도 흙의
성질과 구성에 따라 종류가 참 많다.

물길을 건너는 다리도 여러 종류가 있다. 좁은 다리, 넓은 다리, 긴 다리, 수풀이 우거진 다리, 물살이 센 다리, 물이 조용히 흐르는 다리 등등. 또한 다리도 어떤 소재를 써서 만들었느냐에 따라 돌다리, 나무다리, 콘크리트 다리 등등….

오르막길과 내리막길도 모두가 다르고 많기도 하다. 높이가 고만고만한 것 같은데도 조금만 더 높으면 죽을 맛이고, 내리막길의 경사도 모두가 다르기에 조심스럽기는 매번 다르다.

도시에 도착하면 돌길들도 다르다. 이런 모양 저런 모양 등. 그러나 길이 몸에 주는 충격은 매우 크다.

이 모든 길을 걸어 걸어 레온에 도착했다. 새벽부터 걸어 오후 4시에 이르러서야 도착할 수 있었다. 11시간이 넘는 처음으로 겪는 강행군이었다. 온몸에 힘이 하나도 없다. 배낭을 베개 삼아 레온 대성당(Catedral de las León) 광장에 드러누웠다. 잠시 이런 생각에 젖게 되었다.

우리의 인생길도 매번 같은 길을 걷는 것 같지만 매번 다르다는 것을 말이다. 새벽길과 아침 길, 오전에 걷는 길과 한낮에 걷는 길, 석양 노을 길과 밤길도 모두가 다르다는 것을 말이다. 그리고 같은 길도 십 대에 걷는 길과 이십 대에 걷는 길, 삼십 대, 사십 대, 오십 대, 육십 대, 칠십 대 등등 모두가 다르다는 것을 말이다. 사 년 전에 걸으며 느낀 이 길과 지금의 이 길이 다르다는 것을 말이다. 그러나 모든 길은 하느님을 향해 가야 하고 하느님을 향해 가고 있다. 그러기에 하느님을 향해 나아가고자 할 때 생기는 두려움을 넘어서고자 하는 용기가 필요하다. 이것을 잘 알려 주는 말씀을 오늘 때마침 읽게 되었다.

≪마르티니 추기경의 하느님과 함께 5분≫에 있는 말씀이다.

"아버지, 하실 수만 있으시면 이 잔이 저를 비켜 가게 해 주십시오. 그러나 제가 원하는 대로 하지 마시고 아버지께서 원하시는 대로 하십시오"(마태 26, 39).

"기도의 심오한 특성이나 기도하게 되는 일반적 순간을 고려해 보면, 기도는 인간의 외부에서 생겨나는 활동이 아닙니다. 기도는 존재의 심연에서부터 올라와, 각 사람의 실체로 스며들어 흘러넘치는 것입니다. 이는 생명의 절대 규범으로 성부의 뜻을 실천하는 그리스도를 통해 감지됩니다. 따라서 기도는 하느님을 우리 뜻에 맞추려는 것이 아니라, 우리가 원하는 것을 성부의 뜻에 일치시키려고 끊임없이 노력하는 것입니다."

우리의 사랑은 그리스도께서 우리에게 베푸시는 사랑에 대한 응답입니다.
"주님은 우리를 먼저 사랑하셨고" 우리에게 보여 주신 그 사랑은 우리가
본받을 모범이 되어, 우리가 당신 원형의 모상이 되게 함입니다.
—
켄터베리의 볼드윈 주교의 글 중에서

함께 만나 걸었던 권 프란치스코 회장님의 다리가 너무 많이 걸어서인지 통통 부어 있다. 다리에 침을 놓고 죽은피도 뽑고 했지만 어떻게 해야 할지 난감해하신다. 내일은 걸으실 수 있을지 걱정이 태산 같다.

레온 대성당에서 기도하고 나오는 길에, 처음 출발지에서부터 본 캐나다의 크리스티나를 만났다. 얼굴이 말이 아니다. 베드버그(bedbug, 빈대)라 불리는 벌레에 물렸다는데 얼굴뿐 아니라 온몸이 두드러기 환자같이 부었다. 날씨가 더우면 더 가렵고 아프다는데, 병원에 가서 치료를 받고, 약도 먹고 피부에 바르기도 했다는 것을 보니 본인도 걱정이 많이 되는가 보다. 보는 사람도 그런데 본인은 오죽할까?

나도 내일 프란치스코 회장님과 병원이나 약국을 찾아보아야 할 것 같다. 크리스티나도 하루 정도 머물며 치료한다고 하니 그나마 다행이지만 모두가 걱정이다. 나도 오늘 많이 걸어서인지 무릎이 매우 아픈 상태다.

크리스티나와는 지금도 연락하고 지낸다. 얼마 전에는 성탄 선물이라며 직접 손으로 뜬 목도리를 캐나다에서 선물로 보내왔다. 따뜻한 목도리만큼 크리스티나의 따뜻한 마음이 전달돼 이 겨울은 무척 따뜻하게 보낼 수 있을 것 같다.

베드버그에 물리거나
발에 문제가 생겼을 때

베드버그에 물리는 것은 알베르게의 청결 상태가 문제인 것 같다. 많은 순례자가 머물고 가는 숙소이기에 매일매일 소독을 해야 할 것이다. 빈대에 물리면 쉽게 낫지 않으니 병원에 빨리 가야 한다. 먹는 약과 피부에 바르는 약 두 가지를 함께 사용해야 낫는다.

또한 다리나 발에 문제가 생기면 약국에 꼭 들러야 한다. 많은 순례 객에게 생기는 문제이기에 다리에 바르는 밴드도 종류가 많고, 압박 붕대의 경우도 여러 가지가 있다. 그러니 약국에 가서 본인 상태에 맞는 밴드와 붕대를 사서 붙이는 게 도움이 된다. 물집을 치료할 수 있는 밴드도 무척 다양하다. 하기야 천 년에 걸쳐 순례객들의 다리와 발을 치료해 왔으니 수없이 많은 노하우를 갖고 있는 것은 당연하다.

아주 옛날에 레온은 로마 군대의 주둔지로 제7군단의 기지였다. 레온이라는 이름 자체가 군단, 즉 레기온(Legion)에서 나온 단어다. 레온은 서고트족과 무어족, 마지막으로는 그리스도교 군대에게 점령, 재점령당하기를 반복하면서 각 나라의 문화를 흡수하며 발전한 도시다. 각 시대의 건축 양식들이 곳곳에 녹아 있다.

로마 시대의 유적에서부터 로마네스크 양식의 우아함이 표현된 '성 이시도로 왕립 대성당'(Real Basilica de San Isidoro)과 장엄한 고딕 양식을 보여 주고 있는 '레온 대성당', 정교함과 아름다움을 대표하는 16세기의 플라테레스코(Plateresco) 양식의 외관을 보존하고 있는 '산 마르코스'(San Marcos), 가우디가 만든 '카사 데 보티네스'(Casa de Botines)의 신고딕 양식에 이르기까지 문화의 종합 도시다. 이곳의 인구는 15만 명 정도로 많은 관광객과 순례자를 잘 맞이해 주고 있다.

건축을 공부하거나 문화 예술에 조예가 있는 사람이거나 현대 미술을 볼 줄 아는 사람이 아니더라도, 인간이 하느님께 드릴 수 있는 모든 재주가 묻어 있는 작품들에 크게 감탄이 일 것이다. 카미노의 순례 길만 아니었다면 며칠을 묵으면서라도 관광하고 기도할 수 있는 곳이다. 그러나 순례 길에서 도심지에 있기 싫은 이유가 무엇일까?

외면에 있는 수많은 보물보다 내면에 있는 보화를 찾는 것이
무엇보다 중요한 일이라는 것을 알기 때문이다.

열아홉째 날
다양한 길을 만나는 길

레온(León) → 비르헨 델 카미노(Virgen del Camino) → 비야르 데 마사리테
(Villar de Mazarite) 23.1Km

레온은 볼 것도 많고, 역사적인 이야기도 많고, 건축의 역사를 내다볼 수도
있고, 문화적 요소도 많고, 세상의 온갖 음식물과 과일도 곳곳에 있고, 관광
객과 순례객들도 많은 큰 도시다. 수많은 숙소와 호텔, 상가와 이에 수반되는
것들을 수용할 수 있는 도시로 많은 차량, 커피숍, 병원, 학교가 있다.

　그러나 자연의 소리, 하느님의 소리, 자신의 내면의 소리를 들을 수 없는
곳임은 분명했다. 너무나 많은 것이 보이고, 너무나 많은 것이 들리는 곳에서
는 보아도 보지 못하고 들어도 듣지 못하는 것이 있다는 것을 알게 해 주는
도시였다. 미련 없이 아침 일찍 출발했다. 다행히 동행하신 프란치스코 회장
님도 다리를 치료하고 하룻밤 쉬고 났더니 괜찮다는 말씀을 하시기에 오늘
은 천천히 조금 걷기로 하고, 걷는 중에나 도착지에 병원이나 약국이 있으면
꼭 들르기로 하였다.

레온의 도심지를 벗어나기까지 2시간쯤 되어, 비르헨 델 카미노(Virgen del
Camino)라는 레온 교외의 끄트머리 지역에서 1961년에 지었다고 하는 초현
대식 성지인 산 프로일란 성당(Iglesia San Froilan), 일명 카미노의 성모 성당
(Santuario de Virgen del Camino)이라 불리는 곳 앞에서 기도하는 순례자

들을 만날 수 있었다.

이곳은 16세기 초, 한 양치기가 성모님의 발현을 목격하게 되었는데, 성모님께서 양치기에게 이 지점에 성당이 만들어질 것이라고 했다고 한다. 그리하여 이곳에 성당을 짓게 되었고, 오늘날에 순례객들이 머물 수 있는 장소가 되었으며, 카페이자 빵집인 엘 페레그리노(El Peregrino)가 있어 순례자들에게 간식과 식사를 제공하고 있다. 이곳에서 일어난 기적 때문에 이 장소는 순례 길에 포함되었다. 성 야고보가 산티아고 쪽을 바라보고 있는 서문 위에는 열두 사도의 동상이 세워져 있는데, 사도들 위에 성모님이 모셔져 있는 것이 사뭇 의미심장하게 다가왔다. 예수님의 열두 사도들과 성모님의 관계를 묵상할 수 있도록 도와주고 있다.

성경은 이렇게 전한다. 예수님을 3년 동안 따라다녔던 제자들은 예수님의 본모습을 이해하지 못했다. 예수님이 생전, 당신의 수난과 죽음과 부활을 여러 차례에 걸쳐 예고했지만 알아듣지 못하였던 것이다.

"사람의 아들은 반드시 많은 고난을 겪고 원로들과 수석 사제들과 율법 학자들에게 배척을 받아 죽임을 당하였다가 사흘 만에 되살아나야 한다"(루카 9, 22; 마태 16,21-23; 마르 8,31-33).

제자들은 각각 자신이 바라는 메시아를 꿈꾸었다. 로마에서의 해방을 원했던 혁명당원 유다, 예수님의 시대가 도래하면 그분의 오른편과 왼편에 앉고 싶었던 현세적 출세관을 갖고 있던 제자들, 무슨 말씀인지도 모른 채 그냥 좋기만 했던 제자들도 있었다. 그런데 예수님께서 유다의 배반으로 은전 서른 닢에 팔려 십자가에 맥없이 죽임을 당하신 모습을 보게 된 것이다.

이 모습을 목격하고 나서 실의와 절망에 빠져 고향으로 돌아갈 생각을 한 제자들도 있었고, 두려움에 사로잡힌 나머지 다락방에 모두 숨어 있었다고 성경은 전하고 있다.

그러나 다락방에서 실의와 절망에 빠져 있던 제자들은 부활하신 예수님의 발현과 성령 강림을 체험한다. 엄청난 사건이다. 부활하신 예수님을 만나고 성령을 체험한 제자들은 예수님의 말씀에 따라 죽기까지 온 세상에 가서 복음을 전하는 사도로 변신하게 된다. 엄청난 삶의 전환이 온 것이었다. 실의와 절망에 빠져 있던 제자들이 어떤 어려움에서도 죽음에 이르기까지 복음을 전하는 기쁨과 희망의 사도로 변화된 것이다.

가브리엘 천사의 수태 예고를 통해 하느님의 아들이신 예수님을 잉태하시고 주님의 뜻을 수락하신 엄마 성모님, 예수님의 성장 과정을 평생 함께하셨고, 십자가 밑에서 마지막 숨을 거두기까지 자리를 지켰던 비운의 어머니.

아드님의 시신을 감싸 안고 장례를 마치고, 실의와 절망에 빠져 있던 제자들과 함께 다락방에 계셨던 어머니, 제자들과 함께 부활하신 예수님을 만나고 성령 강림을 체험했던 어머니. 특별히 사도 요한과 함께 하시며 당신의 아들 예수 그리스도의 전 생애를 죽기까지 우리에게 전해 주신 어머니가 성모님이다. 이 성당을 지은 사람들은 사도들 위에 바로 그 성모님을 모심으로써 성모님의 삶 자체가 기도였으며, 기적이었음을 전해 주고 있다.

또한 어머니께서는 대도시 레온이 아니라 도시 외곽의 한적한 시골에서 양치기에게 당신 자신을 보여 주심으로써, 볼 것이 많고 소리가 많은 곳에서는 볼 수 없고 들을 수 없는 것을 전해 주신다.

예수님께서도 하늘나라의 신비를 비유로 이렇게 전하셨다. "저들이 보아도 알아보지 못하고 들어도 깨닫지 못하게 하려는 것이다"(루카 8,10).

내 감미로운 주님이시여, 자비로운 당신의 눈을 당신 백성에게,
특히 당신 신비체인 교회에게 너그러이 돌리소서.
—
시에나의 성녀 가타리나 글 중에서

성당 앞에 아침 일찍 무릎을 꿇고 기도하고 있는 가난한 순례자의 간절함에 고개를 숙이며, 함께 기도를 드린다. 오늘 순례 길 위에서 특별히 환희의 신비를 묵상하는 로사리오 기도를 바쳤다. 그리고 성경에 기록되어 있는 이 신비의 내용들을 기록해 보았다.

⟨환희의 신비⟩
1단 마리아께서 예수님을 잉태하심을 묵상합시다(루카 1,26-27).
"여섯째 달에 하느님께서는 가브리엘 천사를 갈릴래아 지방 나자렛이라는 고을로 보내시어, 다윗 집안의 요셉이라는 사람과 약혼한 처녀를 찾아가게 하셨다."

2단 마리아께서 엘리사벳을 찾아보심을 묵상합시다(루카 1,39-42).
"그 무렵에 마리아는 길을 떠나, 서둘러 유다 산악 지방에 있는 한 고을로 갔다. 그리고 즈카르야의 집에 들어가 엘리사벳에게 인사하였다. 엘리사벳이 마리아의 인사말을 들을 때 그의 태 안에서 아기가 뛰놀았다. 엘리사벳은 성령으로 가득 차 큰 소리로 외쳤다. '당신은 여인들 가운데에서 가장 복되시며 당신 태중의 아기도 복되십니다.'"

3단 마리아께서 예수님을 낳으심을 묵상합시다(루카 2, 1-7).
"그 무렵 아우구스투스 황제에게서 칙령이 내려, 온 세상이 호적 등록을 하게 되었다. 이 첫 번째 호적 등록은 퀴리니우스가 시리아 총독으로 있을 때에 실시되었다. 그래서 모두 호적 등록을 하러 저마다 자기 본향으로 갔다. 요셉도 갈릴래아 지방 나자렛 고을을 떠나 유다 지방, 베들레헴이라고 불리는 다윗 고을로 올라갔다. 그가 다윗 집안의 자손이었기 때문이다. 그는 자기와 약혼한 마리아와 함께 호적 등록을 하러 갔는데, 마리아는 임신 중이었다. 그들이 거기에 머무르는 동안 마리아는 해산 날이 되어, 첫아들을 낳았다. 그들은 아기를 포대기에 싸서 구유에 뉘었다. 여관에는 그들이 들어갈 자리가 없었던 것이다."

4단 마리아께서 예수님을 성전에 바치심을 묵상합시다(루카 2,21-24).
"여드레가 차서 아기에게 할례를 베풀게 되자 그 이름을 예수라고 하였다. 그 것은 아기가 잉태되기 전에 천사가 일러준 이름이었다. 모세의 율법에 '태를 열고 나온 사내아이는 모두 주님께 봉헌해야 한다'고 기록된 대로 한 것이다. 그들은 또한 주님의 율법에서 '산비둘기 한 쌍이나 어린 집비둘기 두 마리'를 바치라고 명령한 대로 제물을 바쳤다."

5단 마리아께서 잃으셨던 예수님을 성전에서 찾으심을 묵상합시다(루카 2,41-47).
"예수님의 부모는 해마다 파스카 축제 때면 예루살렘으로 가곤 하였다. 예수 님이 열두 살 되던 해에도 이 축제 관습에 따라 그리로 올라갔다. 그런데 축 제 기간이 끝나고 돌아갈 때에 소년 예수님은 예루살렘에 그대로 남았다. 그 의 부모는 그것도 모르고, 일행 가운데에 있으려니 여기며 하룻길을 갔다. 그 런 다음에야 친척들과 친지들 사이에서 찾아보았지만, 찾아내지 못하였다. 그 래서 예루살렘으로 돌아가 그를 찾아다녔다. 사흘 뒤에야 성전에서 그를 찾 아냈는데, 그는 율법 교사들 가운데에 앉아 그들의 말을 듣기도 하고 그들에 게 묻기도 하고 있었다. 그의 말을 듣는 이들은 모두 그의 슬기로운 답변에 경탄하였다."

예수님과 함께 하느님을 향해 늘 떠나는 삶을 사셨던 어머니, 하느님을 향한
길에서 예수님과 늘 동행하셨던 어머니, 그분은 바로 모든 순례자의 어머니였다.

"어머니, 순례자들의 길을 보호해 주소서. 아멘

순례 길에 병이 생긴 환자들을 또한 보호하소서. 아멘."

주여, 당신은 하느님이시고 우리에게 모든 것이 되십니다.
샘에서 지혜와 생명과 영원한 빛이 흘러나옵니다.
생명의 근원이시고 빛의 창조주이시며
빛의 근원 자체이십니다.
—
성 골롬바노 아빠스의 글 중에서

스무째 날
순례자들의 벗, 예수님과 함께 걷는 길

비야르 데 마사리테(Villar de Mazarite)→오스피탈 데 오르비고
(Hospital de Órbigo)→산 후스토 데 라 베가(San Justo de la Vega) 26.8Km

이틀 동안 아프셨지만 내색도 하지 않으셨던 프란치스코 회장님이 불편하신
기색이 역력하다. 상태가 악화된 모양이다. 그래도 걷겠다는 신념을 꺾을 수
가 없다. 그래서 시간이 걸리더라도 오늘 최대한 천천히 걷자는 약속을 하고,
으레 해 왔던 것처럼 출발은 함께 하지만 서로의 침묵을 깨지 않기 위해, 서
로 멀리 떨어져 묵주를 손에 들고 어둠 속을 헤치며 앞을 향해 천천히 나아
갔다.

시간이 많이 지체되는 하루였다. 내 발로, 내 힘으로 홀로 걸어야 되는
길이기에 함께 하지만 늘 홀로라는 것을. 아픔이 올 때는 그런 감정이 더 하
실 것이라는 것을 나도 알고 있다. 그래도 함께 해 줄 수 있는 것이라곤 기도
와 최대한 천천히 걷는 것뿐이다. 걷는 내내 혹 쉬는 시간에 "괜찮으시냐?"고
여쭈니 그저 "죄송하다"고만 하실 뿐이다.

목적지에 도착해서야 오늘 자신 때문에 너무 오랜 시간이 걸렸다고 미안
해하시면서 오전 내내 고민하셨다고 말씀하셨다. '배낭을 자동차로 보낼까,
며칠을 쉴까? 포기할까?' 당신이 오히려 짐이 되는 것 같아 기도 중에 별 생
각이 다 나더라는 것이었다.

우리가 듣고 노래하는 것을 또 실천에 옮길 때 참으로 행복합니다.
듣는 것은 씨를 뿌리는 것이고 실천에 옮기는 것은 열매를 맺는 것이기 때문입니다.
—
성 아우구스티노 글 중에서

늘 먼저 배려하시고, 늘 괜찮으시냐고 먼저 물으시며 사랑의 마음을 전해 주셨던 분이 도리어 자신이 짐이 된 것 같은 죄책감을 갖고 계셨다. 다행히 오후가 되면서 아픔이 많이 사라져 오늘 쉬고 나면 괜찮을 것 같다는 말씀을 하신다. 편안한 숙소를 찾아 쉬고 싶다고 하셨다. 숙소를 정해 드리고 오늘의 이런저런 일들을 정리하고자 성당에 앉았다.

사랑하는 사람은 무엇일까? 사랑하는 사람이 때로 짐이 되는 것인가? 사랑하기에 함께 하기도 하지만, 인생길은 함께이면서도 홀로 가는 길, 그리고 그 안에 사랑하는 사람이 때로는 짐이 되기도 한다. 그러나 사랑 때문에 그 사람을, 그 짐을 놓을 수 없다는 묵상을 하게 된다. 오늘 프란치스코 회장님과 함께 그러나 각자가 홀로 걸을 수밖에 없는 길 위에서, 서로가 짐이 되지 않기 위해서 한 노력들이 사랑이었고 배려였다.

그리고 사랑하는 사람과 사랑하는 사람의 짐은 할 수 있는 한 끝까지 함께 가는 것이라고 결론을 맺었다. 왜냐하면 가장 사랑하는 사람을 잃었을 때의 아픔을 알기 때문이다.

2000년 3월 8일, 나는 로마에서 석사 학위를 마치는 과정에 있었다. 어느 날 대전 성모 병원 원목 신부로부터 전화가 왔다. 아버지가 수술을 받으셨는데 의학적으로 살 수 있는 확률과 돌아가실 수 있는 확률이 반반인데, 환자인 아버지가 살겠다는 희망이 없다는 것이다. 그러면서 나에게 전화를 바꾸어 줄 테니 아버지에게 희망을 전해 주었으면 좋겠다는 것이었다. 멀리서 전해지는 병드신 아버지는 힘겨운 목소리로 "잘 지내고 있느냐?" "내가 떠나야 너희 남매들이 편안해질 것이다"라며 "나중에 다시 만나자"고 말씀하셨다. 그리고 다음 날 나는 부고를 받았고, 한국에 돌아와 장례를 마치고 아버지의 유언대로 시신을 '한마음한몸운동본부'를 통해 가톨릭 대학교 의과대학에 기증하는 미사를 봉헌했다. 허전한 마음으로 집에 돌아왔다가, 얼마 안 되는 유품을 정리하고 며칠 후 로마로 돌아갔다. 아버지를 위해 한 일이 하나도 없었고 그저 받기만 했던 삶이었다. 그때의 아픔이 갑자기 확 되살아났다.

로마에서 학업을 마치고 한국에 돌아와 아버지의 기일을 맞이하고 이듬해 어머니마저 돌아가실 때까지 내 마음속에 늘 응어리로, 아니 지금까지도 해결되지 않은 채로 아버지에 대한 죄송한 마음이 남아 떠오르는 것이었다. 왜 아버지는 당신이 떠나야 우리 남매들이 편안해질 것이라 하신 것일까? 왜 삶을 포기하신 걸까? 당시 아버지는 어머니의 병수발을 오랫동안 들고 있었다. 그리고 내가 로마에서 공부를 포기할까 봐 당신의 병과 어머니의 병환 상태를 나에게 늘 숨기셨다. 그리고 우리 4남매의 행복을 위해서라면 더 이상 병원을 통해 연명 치료를 하지 않는 것이 낫겠다는 판단을 홀로 내리셨다. 사랑은 이렇게 모든 것을 주는 것이었다. 아버지에 대한 사랑과 연민이 되살아나는 순간이었다.

홀로 겪었을 아버지의 고통과 겸허히 죽음을 받아들이려 하신 인간적 고뇌를 생각하며, 한동안 나는 먹을 수도 잠을 잘 수도 아무것도 할 수가 없었다. 그런데 꿈에서 아버지의 찡그린 얼굴을 만났다. 잠에서 깬 나는 아버지께서 신부인 내가 이렇게 아무것도 먹지 않고, 잠을 자지도 않고, 무기력한 상태로 지내는 것을 바라지 않으신다는 것을 알게 되었다. 더불어 아버지는 돌아가셔서도 꿈에 나타나 이 모든 아픔을 이겨 낼 수 있는 사랑의 마음을 전해 주셨다.

한 집안의 가장도 자녀들을 이렇게 사랑으로 끌어안으셨는데 예수님은 어떠셨을까?

나는 마침내 내 삶의 모든 고통을 이겨 낼 수 있는 힘을 예수님의 모습 안에

서 찾을 수 있었고, 아픔들을 이겨 낼 수 있었다. 아버지의 사랑을 통해서 예수님의 사랑을 더 깊이 알아들을 수 있었기 때문이었다. 아버지께서 사순 시기가 시작되던 재의 수요일에 돌아가셨기에 주님의 사순 시기는 해마다 더 깊이 나를 울리고 있다.

수난 전날, 제자들과 함께 최후의 만찬을 통해 당신이 이 세상을 떠나실 것임을 아신 예수님, 늘 제자들과 함께 하였지만 홀로 가야만 하는 길, 그러나 그 길이 홀로가 아니라 앞으로 늘 함께 가는 길임을 전해 주셨다. 아버지의 사랑을 알기 때문에 아버지의 유지를 받들어 살 수밖에 없는 나처럼, 제자들은 예수님의 사랑을 돌아가신 다음에야 깨닫고 예수님의 유언을 살 수밖에 없었다는 그 친밀감을 알게 된 것이다. 자신들이 몰랐던 위대한 하느님 아버지의 사랑을 알았기 때문이다. 죽음보다 더 큰 사랑이 있다는 것을 말이다.

산티아고, 이 길은 바로 야고보 사도가 당신의 스승이신 부활하신 예수님의 말씀, "세상 끝까지 복음을 전하라!"는 유언의 말씀을 받들기 위해 가신 길이다. 예수님의 큰 사랑의 삶을 깨달은 야고보 사도는 지금보다도 더 험하고 길었을 이 길을 향해 떠났던 것이다. 따라서 이 길은 바로 예수님과 함께하는 야고보 사도의 길이었고, 이제는 우리 모든 순례자의 길이 된 것이다. 사랑은 한 사람으로 끝나는 것이 아니고 계속해서 전해지는 크나큰 삶의 파장으로 수많은 순례자에게 전해지고 있는 것이다.

산티아고 길은 함께 걷는 동료 순례자들의 모습 속에서 사랑이신 하느님을 발견할 수 있는 길이다. 또한 사랑하는 사람들과 늘 함께 하는 인생이지만, 홀로 해야 하는 일이 있음을 알려 주는 길이기도 했다. 또 홀로 하지만 사랑의 삶을 살 때, 그 사랑은 홀로의 사랑이 아니라 다른 이들에게 전해져 더 큰 파장을 일으킨다는 사실을 확인한 길이기도 했다.

숙소로 오늘 먹을 간식과 내일 아침 먹을거리를 사들고 돌아오니 프란치스코 회장님이 나와 계신다. 오늘 천천히 걸은 것이 효험이 있었는지, 방에서 다리에 죽은피를 빼고 마사지도 하면서 쉬었더니 부기도 많이 빠져서 내일 충분히 걸을 수 있다고 말씀하신다. 너무도 고맙고 기쁜 소식이었다.

오늘 하루의 로사리오 기도 중 '고통의 신비'가 헛되지 않았고, 이 전구를 들어주신 성모님과 주님께 감사할 뿐이었다. 예수님께서 오늘의 수고와 아픔을 외면하지 않으시고 당신 십자가의 길을 걷는 순례자들에게 고통을 넘어선 사랑을 선사해 주신 것이다. 저녁은 맛있는 외식을 하기로 하였다. 고통을 넘어 사랑과 기쁨과 감사의 만찬이 되었다. 오늘 되새기며 기도했던 고통과 사랑의 길, 고통의 신비를 성경에서 찾아 읽으며 하루를 마무리했다.

오늘은 매우 천천히, 그리고 쉼이 많았기에 많은 들꽃과 풍광을 렌즈에 담을 수 있었다. 돌이켜 보니 오늘 묵상하고 나누었던 고통의 길들이 사실은 고통이 아닌 사랑을 배운 크나큰 꽃길이었다.

〈고통의 신비〉

1단 예수님께서 우리를 위하여 피땀 흘리심을 묵상합시다(마태 26,36-39).
"그때에 예수님께서 제자들과 함께 겟세마니라는 곳으로 가셨다. 그리고 제
자들에게, '내가 저기 가서 기도하는 동안 여기에 앉아 있어라.' 하고 말씀하
신 다음, 베드로와 제베대오의 두 아들을 데리고 가셨다. 그분께서는 근심과
번민에 휩싸이기 시작하셨다. 그때에 그들에게 '내 마음이 너무 괴로워 죽을
지경이다. 너희는 여기에 남아서 나와 함께 깨어 있어라.' 하고 말씀하셨다. 그
런 다음 앞으로 조금 나아가 얼굴을 땅에 대고 기도하시며 이렇게 말씀하셨
다. '아버지, 하실 수만 있으시면 이 잔이 저를 비켜 가게 해 주십시오.'"

2단 예수님께서 우리를 위하여 매 맞으심을 묵상합시다(요한19, 1-3).
"그리하여 빌라도는 예수님을 데려다가 군사들에게 채찍질을 하게 하였다. 군
사들은 또 가시나무로 관을 엮어 예수님 머리에 씌우고 자주색 옷을 입히고
나서, 그분께 다가가 '유다인들의 임금님, 만세!' 하며 그분의 뺨을 쳐 댔다."

3단 예수님께서 우리를 위하여 가시관 쓰심을 묵상합시다(마태27, 27-29).
"그때에 총독의 군사들이 예수님을 총독 관저로 데리고 가서 그분 둘레에 온
부대를 집합시킨 다음, 그분의 옷을 벗기고 진홍색 외투를 입혔다. 그리고 가
시나무로 관을 엮어 그분 머리에 씌우고 오른손에 갈대를 들리고서는, 그분
앞에 무릎을 꿇고 '유다인들의 임금님, 만세!' 하며 조롱하였다."

4단 예수님께서 우리를 위하여 십자가 지심을 묵상합시다(마르15, 21-22).
"그들은 지나가는 어떤 사람에게 강제로 예수님의 십자가를 지게 하였다. 그

는 키레네 사람 시몬으로서 알렉산드로스와 루포스의 아버지였는데, 시골에서 올라오는 길이었다. 그들은 예수님을 골고타라는 곳으로 데리고 갔다. 이는 번역하며 '해골 터'라는 뜻이다."

5단 예수님께서 우리를 위하여 십자가에 못 박혀 돌아가심을 묵상합시다(루카 23,33-46).

"'해골'이라 하는 곳에 이르러 그들은 예수님과 함께 두 죄수도 십자가에 못 박았는데, 하나는 그분의 오른쪽에 다른 하나는 왼쪽에 못 박았다. 그때에 예수님께서 말씀하셨다. '아버지, 저들을 용서해 주십시오. 저들은 자기들이 무슨 일을 하는지 모릅니다.' 그들은 제비를 뽑아 그분의 겉옷을 나누어 가졌다. 백성들은 서서 바라보고 있었다. 그러나 지도자들은 '이 자가 다른 이들을 구원하였으니, 정말 하느님의 메시아, 선택된 이라면 자신도 구원해 보라지.' 하며 빈정거렸다. 군사들도 예수님을 조롱하였다. 그들은 예수님께 다가가 신 포도주를 들이대며 말하였다. '네가 유다인들의 임금이라면 너 자신이나 구원해 보아라.' 예수님의 머리 위에는 '이 자는 유다인들의 임금이다.'라는 죄명 패가 붙어 있었다.

예수님과 함께 매달린 죄수 하나도, '당신은 메시아가 아니시오? 당신 자신과 우리를 구원해 보시오.' 하며 그분을 모독하였다. 그러나 다른 하나는 그를 꾸짖으며 말하였다. '같이 처형을 받는 주제에 너는 하느님이 두렵지도 않느냐? 우리야 당연히 우리가 저지른 짓에 합당한 벌을 받지만, 이분은 아무런 잘못도 하지 않으셨다.' 그리고 나서 '예수님, 선생님의 나라에 들어가실 때 저를 기억해 주십시오.' 하였다. 그러자 예수님께서 그에게 이르셨다. '내가 진실로 너에게 말한다. 너는 오늘 나와 함께 낙원에 있을 것이다.'

낮 열두 시쯤 되자 어둠이 온 땅에 덮여 오후 세 시까지 계속되었다. 해가 어두워진 것이다. 7때에 성전 휘장 한가운데가 두 갈래로 찢어졌다. 그리고 예수님께서 큰 소리로 외치셨다. '아버지, 제 영을 아버지 손에 맡깁니다.' 이 말씀을 하시고 숨을 거두셨다."

우리는 우리의 평화요
빛이신 그리스도를 모시고 있습니다.
—
성 그레고리오 주교의 글 중에서

스물한째 날
영광을 향한 고통의 길

산 후스토 데 라 베가(San Justo de la Vega) → 아스토르가(Astorga) →
엘칸소(El Ganso) → 라바날 델 카미노(Rabanal del Camino) 24.7Km

어제 프란치스코 회장님의 다리 통증으로 크게 걱정이 오갔는데, 다행히도
부기가 가라앉아 유쾌하게 하루를 시작할 수 있었다. 어제 내내 고민하셨다
는 이야기를 다시 한 번 전해 주셨다. 이미 예약해 놓은 비행기 표를 연기해
야 하나, 밤에 걸어야 하나 등 일정에 대한 고민, 짐에 대한 고민 등등….

　그러나 모든 것이 기우였다. 하느님께서 새로운 하루를 선사하신 것처럼
상쾌한 하루를 맞이하셨다.

놀라운 일이었다. 인간의 창조적 회복력이라고 표현해야 할까? 이럴 수가 있
나? 기적처럼 새롭게 걸어 나서시는 모습이 어제와 너무나 달라 놀랍기만 하
였다. 이 놀라운 신체의 변화를 옆에서 지켜보는 나로서도 그저 감탄사만 연
발 나왔다. 어제의 우울함과 근심, 걱정, 고통거리가 승화된 날이었다.

　왜 고통이 신비이고, 왜 영광이 신비인가를 로사리오 기도 속에 묵상할
수 있는 계기가 되었다.

이제 지형은 레온이라는 거대한 산맥으로 변하고 있었다. 산 능선을 넘으며,
기도하는 내용들이 하나하나의 능선을 넘을 때마다 이루어지는 것 같았다.

'구름 위의 산책'이었다. 구름 위에서, 지상에서 그동안 복잡했던 삶의 내용들이 승화되는 것 같았다.

한 모퉁이 산길, 길 전체에 순례객들이 나무를 엮은 십자가를 수없이 걸어 둔 것이 눈길을 사로잡는다. 큰 십자가, 작은 십자가 모두가 다른 것 같지만 모두가 십자가를 지고 있다는 것을 보여 주고 있다.

사랑은 십자가였다. 사랑하는 사람이 늘 함께 하지만 사랑하는 사람이 고통 중에 있을 때, 그 사람은 사랑의 십자가가 된다. 그리고 고통을 극복하고 났을 때, 그동안의 고통은 십자가의 사랑이 된다. 십자가와 사랑이 뗄 수 없는 관계인 것처럼 고통과 영광도 하나인 모습으로 다가왔다.

모든 고통과 짐은 사랑하기에 질 수 있는 것이다. 예수님의 십자가 고통은 사랑의 십자가였고, 사랑이었기에 고통까지도 인내할 수 있었던 것이다. 그리하여 십자가는 사랑 때문에 영광의 십자가가 될 수 있었다는 묵상으로 오늘의 여정을 또 마칠 수 있었다.

산티아고가 가까이 다가오고 있다. 목적지에 도착한다는, 영광의 시간이 다가온다는 희망이 오늘의 고통을 이길 수 있게 해 주고 있었다.

어제 묵주의 기도 중 고통의 신비를 많이 묵상했다면, 목적지에 다가오는 만큼 '영광의 신비'를 묵상하게 되었다.

하루의 괴로움은 그날에 겪는 것만으로 족하다.

〈영광의 신비〉

1단 예수님께서 부활하심을 묵상합시다(루카 24,1-5).
"주간 첫날 새벽 일찍이 그 여자들은 준비한 향료를 가지고 무덤으로 갔다. 그런데 그들이 보니 무덤에서 돌이 이미 굴려져 있었다. 그래서 안으로 들어가 보니 주 예수님의 시신이 없었다. 여자들이 그 일로 당황하고 있는데, 눈부시게 차려입은 남자 둘이 그들에게 나타났다. 여자들이 두려워 얼굴을 땅으로 숙이자 두 남자가 그들에게 말하였다. '어찌하여 살아 계신 분을 죽은 이들 가운데에서 찾고 있느냐?'"

2단 예수님께서 승천하심을 묵상합시다(마르 16,19-20).
"주 예수님께서는 제자들에게 말씀하신 다음 승천하시어 하느님 오른쪽에 앉으셨다. 제자들은 떠나가서 곳곳에 복음을 선포하였다."

3단 예수님께서 성령을 보내심을 묵상합시다(사도 2,1-5).
"테오필로스 님, 첫 번째 책에서 저는 예수님의 행적과 가르침을 처음부터 다 다루었습니다. 예수님께서 당신이 뽑으신 사도들에게 성령을 통하여 분부를 내리시고 나서 승천하신 날까지의 일을 다 다루었습니다. 그분께서는 수난을 받으신 뒤, 당신이 살아 계신 분이심을 여러 가지 증거로 사도들에게 드러내셨습니다. 그러면서 사십 일 동안 그들에게 여러 번 나타나시어, 하느님 나라에 관한 말씀을 해 주셨습니다. 예수님께서는 사도들과 함께 계실 때에 그들에게 명령하셨습니다. '예루살렘을 떠나지 말고, 나에게서 들은 대로 아버지께서 약속하신 분을 기다려라. 요한은 물로 세례를 주었지만 너희는 며칠 뒤에 성령으로 세례를 받을 것이다.'"

4단 예수님께서 마리아를 하늘에 불러올리심을 묵상합시다(루카 1,48-49).
"그분께서는 당신 종의 비천함을 굽어보셨기 때문입니다. 이제부터 과연 모든 세대가 나를 행복하다 하리니, 전능하신 분께서 나에게 큰일을 하셨기 때문입니다."

5단 예수님께서 마리아께 천상 모후의 관을 씌우심을 묵상합시다(묵시 12, 1).
"그리고 하늘에 큰 표징이 나타났습니다. 태양을 입고 발밑에 달을 두고 머리에 열두 개 별로 된 관을 쓴 여인이 나타난 것입니다."

산티아고 순례 길은 영광을 향한 고통의 길이었기에, 모두가 걸을 수 있는 길이나. 자신의 십자가를 지고, 사랑의 십지가를 지고 가는 길이다.
　"누구든지 내 뒤를 따라오려면, 자신을 버리고 제 십자가를 지고 나를 따라야 한다"(마태 16,24).

스물두째 날
다 내려놓는 길

라바날 델 카미노(Rabanal del Camino) → 폰세바돈(Foncebadón) →
엘 아세보(El Acebo) → 몰리나세카(Molinaseca) 26.5Km

오늘은 안내서를 보니, 이라고(Irago) 고갯길을 걸어 전체 여정 중 가장 높은 지점인 1,505m에 오르게 되는 여정과 산길을 오르고 내리고 해야 하는 길들의 연속이다. 그러나 설렘을 갖는다. 해발 1,505m의 정상인 푸에르타 이라고(Puerta Irago)에는 그 유명한 철 십자가(Cruz de Ferro)가 있다. 산티아고 데 콤포스텔라를 걷는 순례자들에게 영원한 상징 중의 하나인 철 십자가, 그곳은 순례자들이 그동안 안고 온 소원이나 기도 지향, 자신의 삶의 무게들을 내려놓고 기도하는 성스러운 장소다.

나도 그곳에 나의 수많은 짐을 내려놓을 것이다. 산티아고 순례를 준비하면서 이곳에 도착하면 내려놓을 짐들을 생각해 왔다. 무엇보다도 지금까지 나에게 부탁해 온 기도들, 이제까지 계속 걸으며 바쳐 온 그 기도들을 내려놓을 것이다.

일출을 정상에서 맞이하기 위해 깜깜한 산길을 오르는 순례자들, 갖가지 마음의 짐들을 내려놓기 위해 새벽 일찍 나선 순례자들의 모습은 서로에게 경건하게 다가왔다.

2시간 넘게 산을 오르며 그동안 이 순례 길에서 많은 짐을 내려놓으며 왔다는 것을 깨닫게 되었다.

무엇보다도 먼저 물리적인 짐이었다. 최소한도의 짐을 준비한다고 했는데, 첫 출발지에서 피레네 산맥을 넘자마자 배낭의 무게에 눌린 어깨가 너무나 아파서 짐을 내려놓게 되었다. 필요 이상의 짐들이 의외로 많았음을, 그것들은 내 몸을 아프게 하는 최대의 적임을 생각했다. 그러면서 조금씩 조금씩 줄여 나가 이제는 꼭 필요한 것만 남았다.

두 번째로 내려놓은 짐은 음식물이다. 늘 배고플 것을 예상하며 장을 볼 때마다 하나씩 더 준비했던 간식과 과일들, 음식을 필요 이상으로 먹고 싶어 했던 탐욕과 탐식 때문에 무거웠던 배낭들, 그리고 배낭이라는 더운 창고 속에 있던 상한 음식을 버려야 했던 아픔 속에, 늘 배고프게 걷겠다는 결심으로 탐욕에 대한 짐을 줄여 왔다. 그리고 배낭의 무게, 인생의 소유욕이 주는 무게에서 벗어나는 일이 자유로움임을 배우기도 했다.

그리고 이제 드디어 사람들이 나에게 맡긴 부탁의 기도들을 내려놓을 차례다. 그동안 매일 그분들을 위해 기도해야 한다는 부담감이 있었다. 그 기도의 지향들을 이제 내려놓을 때가 된 것이다. 그리고 내가 가지고 있는 짐들을 십자가 밑에 내려놓을 것이다.

아무도 주님께서 하시는 일에 덜할 수도,
더할 수도 없고 아무도 주님의 신비하심을 알아낼 수 없다.

그동안의 나의 짐은 무엇들이었는가?

많은 십자가를 지고 있다고, 염려와 걱정 속에 살아 온 자체가 짐이었다. 성전 건축으로 인한 재정적인 압박감, 이로 인해 많은 사람과의 관계를 소홀히 했다는 미안함, 갑작스레 부모님을 잃고 난 후의 충격으로 늘 아무것도 그분들께 해 드린 것이 없다는 죄책감으로 살아온 나날들,

부모님 병원비 마련과 간병을 위해 노력했던 형과 누나들에 대한 미안함, 성지를 후원에 주시는 후원회원님과 은인들을 위해 기도도 많이 하지 못하고, 또 소홀하게 순례자들을 맞이했다는 죄책감, 성지를 보다 잘 가꿀 수 있었는데 최선을 다하지 못했다는 후회의 날들이 나를 짓누르고 있었다.

이제 이 모든 것을 잠시 후면 결코 쓰러지지 않을 철 십자가 밑에 내려놓을 것이다. 가만히 이 길을 걸으면서 느꼈던 것은, 이 모든 짐이 내가 모든 것을 해결할 수 있다는 아집과 교만에서 시작된 것이라는 점이다. 나아가 하느님께서 하시는 일들에 대한 의심에서 비롯된 것들이었다.

성전 건축으로 생긴 재정적인 압박감에서 늘 초조하고 불안했지만 그것이 내 힘으로 될 수 있는 일이었던가? 그저 '주님의 집을 지었습니다. 주님께서 도와주셔야 됩니다'라는 믿음이 부족했던 탓에 늘 조바심을 내기만 했던 것이다.

사랑하는 부모님을 잃은 충격도 시간 속에서 많이 해결되었고 망각과 잊힘도 은총이라는 것을 알게 되었다. 더불어 언젠가는 하느님께로 돌아가실 만남을 앞당기신 것이라는 것도 알게 되었으며, 이제는 시간과 공간을 넘어 하늘나라에 계신 그분들을 만날 수 있다는 것도 알게 되었다.

부모님의 병원비 마련과 간병을 위해 헌신했던 형과 누나들도 '당연히 해야 할 자녀로서의 본분이었다'고 서로를 위로하는데 죄책감 속에서만 살아

서는 안 된다는 생각이 들었다. 나는 가정을 넘어서 하느님만 오로지 따라나선 사람인데 말이다.

또한 성지를 후원하시는 후원회원님과 은인들을 위해서 또 이처럼 보속과 기도의 시간을 가지게 되었고, 앞으로 순례자들을 더 열심히 환대하고 성지도 기도할 수 있는 장소로 꾸며 나가면 되는 것이었다.

모든 것을 받아 주시는 예수님의 십자가가 저 멀리 보이는 곳에서부터 가슴이 뛰었다. "무거운 짐을 진 자, 모두 나에게로 오라"는 주님 말씀이 생생하게 살아 전해 옴을 느꼈다.

십자가 밑에서 각각의 순례자들은 걷는 길을 멈추고 자신들의 기원을 적은 편지를 놓고 있었다. 혹은 자신의 마음을 막고 있던 아픔들, 마음속에 담고 있던 딱딱한 돌덩이들을 무언으로 남겨 내려놓고 기도했다.

순례자들 사이에서 나도 십자가 아래 모든 것을 내려놓고 있었다. 머리끝에서 발끝까지 나를 힘들게 하던 하나하나의 고통들이 내려가고 있었다. 모든 것을 내려놓고 새로운 길을 걸을 수 있는 용기의 은총을 구하는 기도를 드렸다. 그러나 아직 몸에 갈증이 가라앉지 않았듯이 영적 갈증이 채워지지 않은 느낌이다. 모든 것을 내려놓고 새로이 시작하기를 결심했으니 '이제 어떻게 살아야 하겠는가?'라는 숙제가 생겼기 때문이다. 마음의 어둠을 모두 내려놓은 순간부터 홀가분해진 몸으로 '어떻게 살아야 하겠는가?'의 문제를 예수님의 모습 안에서 찾아보는 기도의 여정은 계속되었다.

그 답이 바로 로사리오 기도의 '빛의 신비'에 있다는 여명이 내 마음을 비추고 있다. 오늘도 오로지 한 일이라곤, 걷고 먹고 자는 것, 그리고 기도하는 것뿐이었다.

〈빛의 신비〉

1단 예수님께서 세례 받으심을 묵상합시다(마태 3,16).
"예수님께서는 세례를 받으시고 곧 물에서 올라 오셨다. 그때 그분께 하늘이
열렸다. 그분께서는 하느님의 영이 비둘기처럼 당신 위로 내려오시는 것을 보
셨다."

2단 예수님께서 카나에서 첫 기적을 행하심을 묵상합시다(요한 2,1-5).
"사흘째 되는 날, 갈릴래아 카나에서 혼인 잔치가 있었는데, 예수님의 어머니
도 거기에 계셨다. 예수님도 제자들과 함께 그 혼인 잔치에 초대를 받으셨다.
그런데 포도주가 떨어지자 예수님의 어머니가 예수님께 '포도주가 없구나.' 하
였다. 예수님께서 어머니에게 말씀하셨다. '여인이시여, 저에게 무엇을 바라십
니까? 아직 저의 때가 오지 않았습니다.' 그분의 어머니는 일꾼들에게 '무엇
이든지 그가 시키는 대로 하여라.' 하고 말하였다."

3단 예수님께서 하느님 나라를 선포하심을 묵상합시다(마르 1,15).
"때가 차서 하느님의 나라가 가까이 왔다. 회개하고 복음을 믿어라."

4단 예수님께서 거룩하게 변모하심을 묵상합시다(마태 17, 1-2).
"엿새 뒤에 예수님께서 베드로와 야고보와 그의 동생 요한만 따로 데리고 높
은 산에 오르셨다. 그리고 그들 앞에서 모습이 변하셨는데, 그분의 얼굴은 해
처럼 빛나고 그분의 옷은 빛처럼 하얘졌다."

5단 예수님께서 성체성사를 세우심을 묵상합시다(마태 26,26-28).

"그들이 음식을 먹고 있을 때에 예수님께서 빵을 들고 찬미를 드리신 다음, 그것을 떼어 제자들에게 주시며 말씀하셨다. '받아 먹어라. 이는 내 몸이다.' 또 잔을 들어 감사를 드리신 다음 제자들에게 주시며 말씀하셨다. '모두 이 잔을 마셔라. 이는 죄를 용서해 주려고 많은 사람을 위하여 흘리는 내 계약의 피다.'"

끝없이 레온의 산맥이 펼쳐지는 길, 그러나 산길을 걷는 내내 홀가분한 마음 덕분인지 훨훨 산길을 날아오르고 내려왔다. 오늘 쉬게 될 마을의 강가에서는 순례자들이 관광객들과 어울려 지친 발을 물에 담그거나 씻고 있었다. 재세례가 이루어지는 듯한 아름다운 광경이었다.

스물셋째 날
감사함을 깨닫게 되는 길

몰리나세카(Molinaseca) → 폰페라다(Ponferrada) → 카카벨로스(Cacabelos) →
비야프랑카 델 비에르소(Villafranca del Baierzo) 30.7Km

어제의 감격스러운 마음이 오늘까지도 충만하다. 모든 육체적, 정신적, 영적인
짐까지 내려놓은 지금 내 몸과 정신과 마음은 자유로웠다. 아침 일찍 화살표
를 찾아 앞길을 열며, 오늘의 목적지를 향해 출발하면서도 어제 철 십자가 밑
에서의 여러 상면이 떠올랐다.

철 십자가 밑에 놓여 있는 사람들의 마음속에 담겨 있던 갖가지 응어리
의 돌들, 사람의 마음에 깊이 박혀 아픔을 주던 수없는 상처의 돌덩이들이
다 내려놓아져 있는 곳, 갖가지 소원과 바람들, 기도의 대상이 적혀 있는 종
이들이 돌들과 섞여 쓰레기더미 같기도 하면서도 신비스러움을 자아내고 있
었다.

십자가 아래 그 밑은 죄로 가득한 돌더미요 죄로 인한 아픔들이 쌓여 있
는 곳이었다. 인간의 모든 십자가가 고통과 짐이 되어 쓰레기처럼 놓여 있었
고, 그 위에 그리스도가 있는 모습이었다. 세상의 죄를 없애시기 위해 오신
주님을 경배하며 용서를 비는 우리들의 모습이 자연스럽게 드러나고 있었다.
그 쓸쓸함과 신비스러움이 우리 자신을 저절로 숙연하게 만들고 있었다. 나
도 슬그머니 그동안의 죄를 용서해 주십사 하고 그동안 기도해 왔던 묵주를
십자가 밑에 내려놓았다.

그곳에 잠시 머물며 기도했던 짧은 시간이 매우 긴 여운으로 아직까지도 남아 있다는 것이 놀랍다. 왜 그렇게 많은 순례자가 이 철의 십자가까지 600Km의 긴 거리를 용서를 구하며 걸어왔는지 알 수 있을 것 같았다.

어제 모든 짐을, 세상을 구원하시기 위해 용서하시기 위해 계셨던 그 십자가 아래 모든 짐을 내려놓은 나는, 진정한 자유인이 되었다.

이곳에 온 이후 가장 가벼운 마음으로 또 다른 새벽에 산티아고를 향해 가는 아침을 맞았다.

맑은 의식과 상쾌한 기분, 가벼운 걸음걸이 속에 이런 생각이 떠오른다. 때때로 우리는 자신도 모르게 한 말과 행동이 하느님의 배려와 섭리하에 있다는 것을 깨닫게 될 때 감사의 기도를 올릴 수밖에 없다는 것을 말이다.

왜 이 길을 걸어야 하는지 잘 몰랐지만 어제의 그 강렬한 체험은 짧은 순간이었지만 평생 기억될 일이었다. 그리고 그동안의 내 짧은 생애에서 놀랄 만한 하느님의 계획과 섭리하심을 확인할 수 있었다.

모든 신부는 사제 서품을 받을 때 성경 말씀이나 성인들의 말씀들을 한 구절 선택하여 평생 삶의 지침으로 살게 된다. 20년 전 선택한 나의 사제 서품 성구는 예수님께서 십자가의 죽음을 앞두고 예루살렘을 바라보며 비장한 마음으로 하신 말씀이다.

"오늘도 내일도 그다음 날도 내 길을 계속 가야 한다"(루카 13,33).

그리고 상본의 사진은 성 김대건 안드레아 신부님의 유해를 모신 서울 가톨릭 대학교 감실 밑에 있는 묘소를 선택하였다. 그 당시는 한국 최초의 사제인 김대건 안드레아 신부님이 예수님의 뒤를 따라 온전히 당신을 하느님께 봉헌하셨듯이, 나도 오늘도 내일도 그다음 날도 열심히 사제로서 삶을 봉헌

하겠다는 다짐을 했다. 감히 그 깊은 뜻을 알지도 못하고서 말이다.

그런데 지금 이 산티아고 길을 걸으면서, 또 어제 세상의 죄를 없애시는 주님의 모습을 보고서야, 왜 그분께서 십자가에 못 박혀 죽기까지 용서를 구하셨는지 조금이나마 이해할 수 있었다. 그리고 왜 사람들이 자신의 죄와 고통의 아픔들을 그분 발아래 내려놓는지도 알게 되었다. 더불어 내가 왜 이 길을 걷게 되었는지도 더 선명하게 다가오고 있었다. 하느님을 향해 걸어왔다고 한 20년 사제의 길, 때로는 무엇을 향해 걸어왔는지도 모른 채 많은 시간을 걸어왔다. 그동안 걸어온 길과 삶이 뒤엉켜 과거에 걸었던 오늘 내일 그다음 날이, 미래를 향해 오늘도 내일도 그다음 날도 계속해서 내 길을 걸어야 하는 모습으로 다가오고 있었다.

그리고 그때는 몰랐다. 내가 성 김대건 안드레아 신부님의 탄생지인 솔뫼 성지에서 7년 가까운 시간을 살면서 그분의 삶과 영성을 전하는 사제로 살게 될 줄이야…

나도 모르게 선택한 말씀과 상본 사진이 이렇게 나의 인생 안에서, 사제 생활 안에서 일어나고 있다니 놀랍기만 하였다. "하느님의 섭리가 오묘하시다"는 표현이 이런 것이구나! 감탄 속에 감사할 수밖에 없는 내가 되고 말았다.

시편 말씀이 저절로 떠올랐다.
"주님, 사람이 무엇입니까?
당신께서 이토록 알아주시다니!
인간이 무엇입니까?
당신께서 이토록 헤아려 주시다니!"(시편 144,3)

사랑하는 여러분, 우리의 모든 희망은 그리스도께 달려 있습니다.
—
성 아우구스티노의 글 중에서

성체성사의 길, 하느님께 이르는 길

비야프랑카 델 비에르소(Villafranca del Baierzo) → 베가 데 발카르세
(Vega de Valcarce) → 오 세브레이로(O Cebreiro) 30.1Km

4년 전 산티아고 길을 걸으면서 가장 고생했던 구간이다. 성체 성혈 기적이
일어났던 산 위의 성당에 도착하기 위해 계속 오르막길을 걸어 올라갔던 곳
이다. 다른 길들은 잘 기억이 나지 않았지만 이 길만큼은 얼마나 고생을 하였
는지, 다른 생각은 별로 나지 않는데 '죽을 수도 있겠다'는 두려움을 가졌던
기억이 남아 있다. 당시에는 내가 하루에 얼마나 걸을 수 있을까라는 욕심으
로 한없이 오르고 올라 40Km를 걸어 오 세브레이로(O Cebreiro)에 갔었다.

아침 새벽부터 하루 종일 걸어 저녁 6시에 도착했는데 비어 있는 침대가 하
나도 없었다. 성당에서의 기도도 뒤로한 채 숙소를 찾아 이리저리 헤매다가,
나처럼 방을 구하지 못한 독일인 순례자 할아버지, 중년의 프랑스인과 셋이서
캄캄한 산길을 8Km나 더 앞서거니 뒤서거니 가서야 숙소를 찾을 수 있었다.
밤 9시에 숙소를 잡고 주인에게 부탁하여 차가운 스파게티로 허기진 배를 채
운 후, 샤워하고 그냥 쓰러져 잤던 기억이 잊히지 않는 곳이다. 그날 우리는
며칠을 굶은 야생 동물처럼 먹이 앞에서 이제 살았다는 안도감으로 입가에
토마토 스파게티 소스를 묻혀 가며 먹었고 서로를 바라보며 웃었다.

　'지금도 모두 잘 있겠지!' 감회가 새롭다.

그때의 고생하고 아팠던 기억이 떠올라 이번에는 아침 일찍 출발하여 30Km만 가기로 결정하였다. 사실 이 거리도 오르막길을 계속 오르며 갈리시아(Galicia) 지방으로 진입하는 고된 일정이었다.

한여름 오 세브레이로까지의 오르막길은 나와 순례자들을 여러 번 주저앉게 만들었다. 그러나 순례자들은 이제 600Km를 넘어온 사람들이다. 모두가 걸으면서 웬만한 고생을 다해 힘든 얼굴이지만 험준한 고갯길도 그들의 의지를 꺾을 수는 없었다.

산 위의 작은 마을에 도착하자마자 제일 먼저 숙소를 정하고, 씻고 빨래를 마치고, 장을 보자마자 성당으로 향하였다. 저녁 7시 미사도 있지만 일찍 가서 성체조배도 하고 성당에 오랜 시간 머물며 천천히 둘러보기 위해서였다. 오 세브레이로 성당(O Cebreiro Iglesia)은 일명 산타 마리아 왕립 성당(Iglesia de Santa Maria Real)이라 불리는 곳으로, 그 시초가 9세기부터 시작된 순례길 위에서 현존하는 가장 오래된 성당이다. 이 성당은 무엇보다도 '오 세브레이로의 기적'(Santo Milagro) 이야기로 유명하다. 그 기적이란 이런 내용이다.

어느 추운 겨울날, 아주 독실하지만 가난한 소작농 한 명이 엄청난 눈보라를 뚫고 산 정상에 있는 이 성당에 미사 참례를 위해 찾아왔다. 아무도 없는 날인데, 농부가 찾아와 미사를 청하니 담당 신부는 춥고 귀찮아 짜증이 났지만 어쩔 수 없이 미사를 봉헌하게 되었다. 그런데 성찬례를 거행하던 중 빵과 포도주가 예수 그리스도의 살과 피로 변했다고 한다. 또한 성당 안의 성모 마리아상도 이 기적적인 광경에 고개를 기울였다고 전해진다.

그 이후로 이곳에는 당시 그리스도의 몸과 피를 담은 성작과 성합, 성반, 성작보를 보관하여 전시하였다. 그리고 이 기적을 기리는 마을 사람들과 순례자

하느님, 제가 당신께 드린 서원들이 있으니 감사의 제사로 당신께 채워 드리오리다.

들이 봉헌하는 기도의 촛불이 항상 많이 놓여 있는 곳이다. 그리스도의 성체 성혈 기적이 일어난 후 초가 이상 하루도 빠짐없이 미사성제가 봉헌되었으며, 사람들의 발길이 끊이지 않고, 초가 봉헌되지 않은 적이 없다는 기록이 보관 돼 있다.

이 성스럽고 고귀한 자리에 어찌 기도를 바치지 않을 수 있겠는가! 촛불을 봉헌하고 성체 성혈 기적이 일어났던 자리 앞에 앉아 잠시 묵상에 빠져들었다.

이와 같은 기적을 목격한 농부와 신부의 삶은 그 이후로 어떠했을까? 이제까지 제사가 계속 거행되는 것을 보면, 빵과 포도주가 그리스도의 몸과 피로 변한 성체성사의 기적을 체험한 두 사람은 아마도 하루도 빠짐없이 하느님을 향해 성사적인 변화된 삶을 살았을 것이다. 그리고 지금은 하늘나라에서 우리 순례자들을 위해 그리스도와 함께 성체성사를 봉헌하시리라!

매일 미사를 봉헌하며 살고 있는 나는 성체성사의 변화된 삶을 살고 있는지 반성해 본다. 또한 매일 미사 거행을 위해 사람이 있건 없건 미리 준비하고 정성을 다해야 한다는 결심도 하는 시간이었다.

이 성당에서 또 기억해야 할 중요한 사람이 있다. 이 성당에는 돈 엘리아스 발리냐 삼페드로(Don Elias Valina Sampedro, 1929~1989년) 신부님의 묘소가 있다.

이 신부님은 순례 길을 완전하게 보존하고 복구하기 위하여 일생 동안 아주 많은 일을 했다. 그리고 순례자들이 길을 잃지 않도록 '노란색 화살표'로 순례 길을 표시하기로 하고 오늘날의 이 순례 길을 안내하신 분이다. 그분의 노력으로 오늘날 순례자들은 노란 화살표를 따라 걷게 되면서 길을 잃지 않게 된 것이다.

평생에 걸린 엘리아스 신부님의 노력에 대한 깊은 존경의 표지로 많은 봉사 단체가 자신들의 이름을 그분의 흉상과 함께 돌에 새겨 놓은 것을 볼 수 있었다. 또한 그분을 잊지 않고 기억하고자 그분의 시신을 성당 왼쪽에 모셨는데, 순례자들은 그분께 감사드리고 촛불을 켜 놓고 기도하고 있었다.

우리는 산티아고 길 위의 또 다른 성자를 만났다. 엘리아스 신부님은 야고보 사도에게 이르는 길을 순례자들이 잃어버리지 않게 하신 분, 나아가 인생을 살아가는 모든 인생의 순례자에게 하느님께 나아가는 길을, 이 성체성사의 기적이 일어난 성당에서 평생을 사시면서 알려 주신 분이었다. 그리스도 성체 성혈의 기적은 최근에 이 오 세브레이로 성당에서 노란 화살표의 기적으로 하느님을 향하고 있었다.

저녁 7시에 모든 순례자와 함께 오 세브레이로 성당에서 오늘 오르고 오른 모든 시간이 감사의 시간이었음을 주님께 봉헌하였다. 미사를 마치고 나온 우리들을 주님의 태양이 마지막으로 비추고 있었다. 황홀하고 장엄한 감격의 시간이었음을 오늘의 노을을 목격한 모든 순례자는 잊지 못할 것이다.

스물다섯째 날
오르막보다 더 어려운 내리막길

오 세브레이로(O Cebreiro) → 포이오 언덕(Alto do Poio) → 트리아카스텔라
(Triacastela) 20.7Km

단순하면서도 순례자들에게 꼭 필요할 거라는 엘리아스 신부님의 생각이 산
티아고 데 콤포스텔라의 노란 화살표를 탄생시켰다. 그리고 그 화살표는 순례
자들에게 순례 이정표가 되는 동시에 또 하나의 생각을 갖게 하고 있다.

'나는 다른 사람들에게 인생의 올바른 이정표 역할을 하며 사는 존재인
가? 아니면 다른 사람들의 인생길을 방해하거나 어지럽히는 존재인가?' 순례
자들에게 산티아고에 이르는 방향성을 제시해 주기 위해 평생 헌신하신 그분
의 모습은 단순하면서도 명료한 노란 화살표로 각인되었다. 순례자들에게 이
노란 화살표는 단순한 이정표가 아니라 인생 이정표가 되고 있다. 더불어 다
른 사람에게 올바른 인생의 안내자가 되어야 한다는 것을 가르쳐 주고 있다.

오 세브레이로에서 성체 성혈 기적의 감동과 엘리아스 신부님의 노란 화
살표를 마음에 새기고, 아침 여명을 맞으며 새벽 일찍 길을 나선다. 정상에
올랐으니 내리막이 있는 법이다. 오르막길이 그렇게 힘들었으니 내리막길이야
더 쉽고 편하게 많이 걸을 수 있으리라는 생각으로 조금씩 조금씩 하산하기
시작했다.

산 위에서 내려오며 묵주 기도를 하는데 지상에서가 아니라 하늘의 구름 위에서 세상을 향해 기도하고 있다는 착각이 일어났다. 그러나 얼마 지나지 않아 내리막길이 점차 고통으로 다가왔다. 배낭의 무게가 앞으로 밀리면서 신발 끝으로 발이 모이고 힘을 주게 되면서 무릎과 발목이 아프기 시작하였다. 한번 아프기 시작한 무릎의 고통은 점차 가중되어 몸을 가누기 어려운 상태로 나를 몰고 가기 시작하였다.

젊은 시절에는 산에 오르는 것보다 내려가는 것이 훨씬 쉬었는데, 이제는 반대의 현상이 몸으로 전해 오고 있다. 오르막길보다 내리막길이 더 어떻게 할 수 없을 만큼 고통을 주기에, 온 신경을 곤두세우며 한 발 한 발 디딜 곳을 바라보고 한 걸음 한 걸음 조심조심 걸으며, 더 많이 쉬게 되있다. 당연히 시간은 지체될 대로 지체되었다. 이제 힘들고 고된 오르막길은 다 올라왔다고, 이제 천천히 쉬면서 가면 된다고 생각했는데….

산티아고의 이 내리막길은 또다시 잃어버린 인생의 삶을 알려 주고 있었다. 힘들게 살아왔다고, 현재의 내 삶에 이르기까지 쉴 새 없이 살아왔고, 그 안에 축적된 경험 세계의 힘이 얼마나 중요한지를 알게 해준 만큼, 그 이상으로 앞으로 내려갈 길이 더 힘들다는 것을 몸으로 전해 주고 있었다.

　물리적으로 도움을 받을 수 있는 무릎 보호대도 소용이 없을 정도로 내 무릎은 망가지고 있었다. 그 가운데 이제 내 인생도 내리막길에 접어들었다는 것과 쉬면서 가는 내리막길 인생이 아니라 더 조심조심 신중을 기해 가며 살아야 한다는 것을 알려 주고 있는 것이다.

묵주 기도가 더 조심스러워진다. 대충대충 바치는 반복의 형식이 아니라 그 안에 담겨 있는 예수 그리스도의 삶과 성모 마리아의 삶이 얼마나 무게가 담겨 있는 모습인가가 말이다.

구름 위에서의 산책과 같은 길과 내리막길에서의 고통이 교차하는 하루를 체험하며, 인생의 오르막길과 이제는 내려가는 내리막길 사이에 있는 나 자신을 바라보는 하루가 되었다. '이제 어떻게 내려가야지?' 이 숙제의 해답을 전해 주기라도 하듯 저 멀리 내리막길 끝에 성당이 보인다. '얼른 저곳에 가서 쉬어야지, 아니 내 인생길 마지막은 저기서 영원히 쉬어야지' 하는 것 같았다.

스물여섯째 날
고행과 보속을 하며 하느님을 향해 나가는 길

트리아카스텔라(Triacastela) → 산실(San xil) → 사리아(Sarria) →
모르가데(Morgade) 30.5Km

아직 동이 트려면 2시간이 있어야 한다. 늘 새벽을 맞이하는 이 시간은 산티
아고 순례 길을 걸으면서 무엇과도 바꿀 수 없는 시간이 되었다. 별이 오늘따
라 유난히 쏟아진다. 어제의 길과는 정반대다. 어제가 내리막길이었다면 오늘
은 또다시 오르막길이다. 산길을 오르며 숨어 있는 노란 화살표를 보물찾기
하듯 찾아 나서다 큰 개를 만났다. 산에서는 가끔 목동들이 개를 데리고 다
니는데, 이 큰 개가 앞길을 막고 서서 비켜 주질 않는다. 짖어 대지도 않고 정
면으로 응시하는 개에게 비키라고 소리도 지르고 지팡이로 위협을 하면서 피
해 왔는데 계속 뒤쫓아 온다. 식은땀을 흘리며 이 큰 개를 피해 산길을 혼비
백산으로 오르니 온몸이 땀에 젖어 있었다. 잠시 놀란 가슴을 가라앉히기 위
해 쉬어 본다.

조용한 농가에 차려진 아침의 큰 상차림을 만났다. 시골 마을에 무인 판
매대처럼 순례자들을 위해 방금 딴 제철 과일과 음료들을 준비해 놓은 집이
다. 주인장의 부지런함과 순례자들을 위한 배려, 노란 화살표까지도 선명하게
순례자들을 안내하고 있었다. 아무도 알아주지 않지만 조용한 산속에 살면
서 순례자들을 배려하는 주인장의 넉넉한 마음을 선명하게 읽을 수 있었다.

참으로 곳곳에 감사한 사람이 많이 있었다.

기다란 돌담길을 벗어나자 수백 년이 지난 고목들 사이로 순례 길이 펼쳐져 있다. 천 년의 역사를 지내며 걸어갔을 선배 순례자들의 발자취를 그대로 느낄 수 있는 길이었다. 수많은 순례자의 발걸음을 목격하며 안내했던 이 나무들이 이제 또 현재의 순례자들을 맞이하고 있다. 또한 앞으로의 순례자들을 위해서도 묵묵히 자신의 몫을 해 낼 것이라는 믿음이 절로 갔다.

어제는 한없는 내리막길을 걸으며 무릎에 큰 통증이 있었는데, 오늘은 아침에 큰 개를 만나 쫓기듯 2시간을 올라 평지 길을 걸었다. 다행히 무릎이 아프지 않아서 오르막과 평지 길을 걸을 수 있었다. 어제의 내리막길보다 10Km를 더 걸었고 짧은 시간 안에 오늘의 종착지에 도착할 수 있었다.

곳곳에 순례자들에게 힘을 주는 벽화들이 있었다. 특히나 중세의 순례자들을 묘사한 벽화는 순례자를 감동시켰다. 조가비를 가슴에 달고 묵주를 손에 들고 열악한 조건들 속에서 옷도 변변하지 못한 채 지친 행색으로 걷고 있는 순례자들, 그들은 고행과 보속의 길을 통해 하느님을 향해 걷고 있는 것이다.

제게 고통의 길이 있는지 보시어 저를 영원의 길로 이끄소서.

순례자들에게 조가비는 단순한 상징이 아니다.

예로부터 콤포스텔라를 순례한 사람들은 죽을 때 자신들이 가져온 조개껍데기와 함께 묻어 주길 원했다고 한다. 그래서 스칸디나비아 반도에서는 이런 조개껍데기 무덤이 37곳에서 123개나 발굴되었으며, 스웨덴 남부 룬드(Lund) 시에서는 39개의 조개껍데기 무덤이 발견되었다는 기록이 남아 있다.

이 순례 길은 중세 사람들이 '하느님을 위해서 온몸과 정신과 마음을 온전히 봉헌한 길'이었다는 것을 기록을 봐도 알 수 있다.

오늘의 순례자들도 이 조개껍데기를 무덤에까지 갖고 가고 싶어 할까? 꼭 그렇지는 않겠지만 분명 소중하게 간직할 것임은 틀림없다. 나 역시 4년 전에 가져온 조개껍데기를 아직 버리지 못하고 소중하게 간직하고 있으며, 이번에 가져온 조개껍데기도 비록 깨졌지만 소중한 보물이기 때문이다. 나도 그것들을 내 무덤에 가져가길 희망한다. 마지막 인생을 마치고 주님 앞에 나섰을 때, '주님 부족하지만 산티아고 길을 두 번이나 걸으며 보속했습니다. 어여삐 보아 주시고 자비를 베풀어 주십시오!'라고 변명이나 댈 수 있으면 좋겠다고 스스로를 위로했다.

산티아고가 다가오고 있다!

이제 남은 거리가 100Km라는 표지식이 보인다. 많은 순례자가 목적지가 얼마 남지 않았다는 기대에, 흥분된 마음과 열망으로 많은 이름과 소원을 그 표지석에 적어 놓은 것을 볼 수 있었다. 몸은 지쳐 있지만 이제 얼마 남지 않았다는 희망 속에 마음의 에너지는 불타오르기 시작했다. 표지 석 앞에서 많은 순례자가 기념사진을 찍는데 그들이 겪은 고통이 열망으로 승화되고 있음을 볼 수 있었다. 나도 덩달아 에너지가 솟구치고 있었다.

오늘의 순례는 어제와는 전혀 반대로 오르막길을 주로 걸었다. 오르막길이 더 어렵고 힘이 드는 것이 분명한데, 내리막길보다는 쉽고 더 많이 더 멀리 걸을 수 있었다.

어제에 이어 내리막길이 더 어렵다는 것을 몸으로 알려 주며, 이제 내리막 인생길에 들어선 나에게 무언의 침묵으로 이 길은 한 걸음 한 걸음 신중하고 열심히 걸어야 한다는 것을 깨닫게 해 주고 있다. '어떻게 살아야 하는가? 무엇을 위해 살아야 하는가?'를 숙제로 남겨 주고 있었다.

젊은이가 무엇으로 제 길을 깨끗이 보존하겠습니까?
당신의 말씀을 지키는 것입니다.

800Km를 걸을 시간이 안 되는
순례자들을 위한 도시
사리아(Sarria)

켈트족 문화에 기원을 두고 있는 도시로, 중세에 이르러 순례자들의 중심지가 된 곳이다. 여러 성당과 경당, 수도원과 숙소인 알베르게가 있으며 고대의 분위기를 그대로 간직하고 있는 문화 도시다.

시간이 많지 않지만 카미노 순례 여행을 간절히 열망하는 순례자들이 주로 이곳 사리아를 출발 지점으로 삼는다. 산티아고에 도착하면, 이곳에서부터 출발한 순례자들에게까지 순례 증명서를 발급해 준다. 순례 증명서를 발급하기 위해서 최소한 100Km는 걸어야 한다고 판단하고 있기 때문이다. 따라서 시간이 많지 않은 순례자가 버스와 기차를 타고 이곳에 속속들이 모여 출발한다. 그래서 카미노는 사리아(Sarria)부터 더욱 많은 순례자로 북적이게 된다.

순례 철에는 순례자 숙소에 일찍 도착하지 않으면 숙소를 구하기 어려우므로 순례자들의 주의가 필요하다.

이곳에서 만나는 순례자들의 모습을 보면 어디서부터 출발했는지를 금방 알 수 있다. 생 장 피 드 포르부터 시작한 순례자들의 옷차림은 누추한데 반해 이곳에서 출발한 사람들의 복장은 산뜻하고 소풍 온 사람같이 보인다. 또한 배낭에 먹을 것을 한없이 지고 다니는 사람, 발의 물집 때문에 절뚝거리며 걷는 사람, 불평불만을 하면서 걷는 사람들은 모두 순례 길에 들어선 지 얼마 안 되는 순례자들이다.

군대에 입대한 초년병과 같은 모습의 사람들은 분명 사리아에서 출발한 순례자들이다. 그들은 일찍이 순례를 시작한 사람들에게 묻는 것이 참 많으며, 선배 순례자들은 그들에게 친절히 하나하나를 가르치면서 우쭐해하는 모습 등, 재미있는 풍경이 많다.

스물일곱째 날
"너, 어디 있느냐?"(창세 3,9)하고
주님이 물으시는 길

모르가데(Morgade) → 페레이로스(Ferreiros) → 포르토마린(Portomarin) →
리곤데(Ligonde) → 팔라스 데 레이(Palas de Rei) 37Km

피레네 산맥을 넘는 첫날 비가 온 이후로 스페인은 계속 햇볕이 따갑게 내리
쬐는 날씨가 계속되었다. 무더운 날씨가 계속되는 것이 예전같지가 않다. 가
끔 바(bar)에서 전해지는 일기 보도에서도 이상 기후가 계속되고 있다고 한
다. 또한 곳곳에서 산불이 일어나는 것으로 보아 이 땅은 자연보호와 환경
문제에 심각한 경고를 우리에게 보내고 있다.

스페인 전역이 가뭄으로 보리와 밀 작황이 좋지 않은 것도 바로 이러한
기온의 변화가 주는 재앙이다. 한국도 예외가 아니어서 예전과 달리 봄과 가
을은 짧아지고, 점차로 여름과 겨울이 훨씬 길어진다는 것을 우리도 느끼고
있지 않은가. 지구온난화 문제를 비롯한 환경 문제를 온 인류가 함께 심각하
게 고민해 보아야 할 때임이 분명하다.

어쨌든 오늘 처음으로 구름에 덮힌 흐린 날씨가 지속되어 먼 길(37Km)
을 걸을 수 있었다. 몸이 메마를 정도로 무더운 날씨를 피할 수 있었고, 대부
분의 길이 유칼립투스의 그늘 길과 포근한 흙길이기에 어느 때보다도 편안한
순례 길이었다.

"너 어디 있느냐?"

(창세 3,9)

유칼립투스 나무로 뒤덮인 기나긴 오솔길을 걸으며 긴 여정을 함께 하고 있는 순례자들은 만나는 휴식처마다 지도를 펼쳐 놓고, "우리가 지금 어디에 있는가?"라는 질문을 서로 주고받고 있었다. 오늘 자주 오가는 이 질문 속에 '나는 지금 어디에 있는가? 오늘은 어디에서 와서 어느 곳을 향하고 있으며, 지금은 어디에 있는가? 그리고 목적지를 위해서는 얼마나 더 가야 하는가?' 라는 것들이 담겨 있다.

물론 목적지를 향해 가는 미래의 길이 얼마나 걸릴지는 모른다. 발과 다리에 어떤 변화가 생길지, 또 무슨 병이 걸릴 지, 앞으로 어떤 길이 펼쳐질지, 또 어떤 사고가 있을지, 어떤 사람을 만나 지연되거나 빨라질지 등등. 모든 미래의 길은 예측 가능하면서도 실제로 많은 사건이 있어 우리는 그 길들을 예측하기 어렵기 때문이다.

'나는 어디에서 와서 어느 곳을 향해 가고 있고, 지금 나는 이디에 있는 가?', '지금 우리가 있는 곳이 어디인가?'라는 질문이 내 머릿속을 계속 맴돌고 있다. 순례자들은 서로에게 묻고 있었다. 우리가 지금 어디에 있는지를…. 이 질문을 통해 내가 어디에 있느냐고 남들에게 묻는 동시에 자신에게 묻고 있는 것이다.

산티아고라는 목적지에는 다 와 가는데, '그다음에 나는 어디에 있어야 하며 어디로 가야 하는가?' 여기에 근본적인 성경 말씀이 응답을 주고 있었다. 물리적인 장소뿐 아니라 정신과 영혼 전체를 통찰하는 하느님의 말씀이다. 아담과 하와가 죄를 지어 하느님을 올바로 뵙지 못하고 부끄러워 자신을 가리고 숨어 있을 때, 하느님이 사랑하는 사람을 부르시는 모습이다.

"너 어디 있느냐?"(창세 3,9)

처음 이 길을 출발하면서 오랫동안 던진 질문, '나는 누구이며, 왜 이 길을 걷는가?'의 문제는 계속되었다. 바쁜 일상 속에 스스로 자신을 잃어버린 나, 그 본연의 모습을 찾기 위해 이 길을 시작했다. 그러나 계속되는 고된 걸음걸이의 나날 속에서 '나는 왜 이 길을 걷고 있지?'라는 질문으로 바뀌었다.

사실 서로 같은 물음이다. 자신의 정체성을 묻는 질문인 것이다. 때로는 다른 순례자들을 통해 내가 누구인지 알게 됐고, 이 거대한 자연 속에서 신과 피조물과의 관계를 정립하기도 했으며, 나 스스로에게도 끊임없이 이 질문을 던지며 해답을 찾고자 하였다.

이제 이 질문은 한 걸음 더 나아가 '어디를 향해 갈 것이며, 어디에 있는가?'를 묻고 있었다. 그리고 나는 그 해답을 하느님 말씀 안에서 쉽게 찾을 수 있었다. "너 어디 있느냐?"의 물음에 "예, 지금 저는 여기에 있습니다"라고 답할 수 있는 몸과 마음과 영혼이 되는 것이다.

이를 위해 늘 나에게 물을 것이다. 지금 어디 있느냐고 말이다. 내가 있어야 할 곳에 있는지, 무엇을 하고 있는지를 말이다.

영적 갈증이 해소되는 곳에 육체적 갈증도 해소하라는 듯 오아시스가 나타났다. 이동식 가게가 순례객들에게 물을 제공해 주더니, 이제 강까지 나타나 뜨거운 발과 땀에 젖은 몸의 열기를 식히고 가라고 우리를 부르고 있었다. 모든 것이 또 감사할 뿐이다.

찬미 받으소서(LAUDATO SI')

2014년 8월 15일 제6회 〈아시아 청년대회〉가 열리는 대전교구 솔뫼 성지에서 '아시아 청년들과의 만남'을 가지신 교황님을, 필자는 솔뫼 성지에서 소임을 맡고 있어 직접 만나 뵐 수 있는 영광을 누렸다. 그때 느꼈다. '한 번의 만남으로도 이렇게 사람의 마음을 사로잡을 수 있을까!'
교황님의 말씀과 행보에 자주 관심을 갖게 되는 것은 이제 어쩔 수 없는가 보다.
교황님은 무엇보다도 몸에 배인 겸손과 지상 최대의 인본주의자라고 해도 과언이 아닐 정도로, 세상의 모든 사람을 사랑으로 초대하신 예수님을 닮은 모습이다. 그러기에 세상 모든 사람에게 감동의 가르침을 주시고 있다.
오늘날 환경과 기후 변화 문제로 고통 받고 있는 땅들을 접하며, 최근 프란치스코 교황님이 2015년 6월 15일에 반포하신 회칙, 〈찬미 받으소서(LAUDATO SI')〉를 잠시 소개하고자 한다. 교황님은 최근 전 인류의 구성원들을 대상으로 프란치스코 성인의 〈태양의 찬가〉로 시작하여, 이 지구를 아름답게 지켜 나가자고 우리 모두를 초대하고 있다. 1, 2항의 서문을 소개하면 다음과 같다.

찬미 받으소서(LAUDATO SI').
프란치스코 성인께서는 "저의 주님, 찬미받으소서."라고 노래하셨습니다. 아시시의 프란치스코 성인께서는 이 아름다운 찬가에서 우리 공동의 집이 우리와 함께 삶을 나누는 누이이며 두 팔 벌려 우리를 품어 주는 아름다운 어머니와 같다는 것을 상기시켜 주십니다. "저의 주님, 찬미 받으소서. 누이이며 어머니인 대지로 찬미 받으소서. 저희를 돌보며 지켜 주는 대지는 온갖 과일과 색색의 꽃과 풀들을 자라게 하나이다."

이 누이가 지금 울부짖고 있습니다. 하느님께서 지구에 선사하신 재화들이 우리의 무책임한 이용과 남용으로 손상을 입었기 때문입니다. 우리는 지구를 마음대로 약탈할 권리가 부여된 주인과 소유주를 자처하기에 이르렀습니다. 죄로 상처 입은 우리 마음에 존재하는 폭력은 흙과 물과 공기와 모든 생명체의 병리 증상에도 드러나 있습니다. 이러한 이유로 억압 받고 황폐해진 땅도 가장 버림받고 혹사당하는 불쌍한 존재가 되었습니다. 지구는 "탄식하며 진통을 겪고"(로마 8, 22) 있습니다. 우리는 자신이 흙의 먼지라는 사실을 잊었습니다(창세 2,7 참조). 우리의 몸은 지구의 성분들로 이루어져 있으며 우리는 그 공기를 마시며 지구의 물로 생명과 생기를 얻습니다.

"이 세상의 그 어떤 것도 우리와 무관하지 않다" 하시며, 우리 공동의 집인 지구에 무슨 일이 일어나고 있는지를 역설하시며, 복음 말씀에 근거한 생태적 회개를 촉구하시는 내용이다.

더불어 87항의 내용과 이어진 프란치스코 성인의 〈태양의 찬가〉를 소개하고자 한다.

우리가 존재하는 모든 것이 하느님을 반영하고 있음을 깨닫게 되면 모든 피조물에 대하여 주님께 찬미를 드리고 피조물과 함께 주님을 흠숭하려는 마음을 품게 됩니다. 이러한 찬미와 흠숭은 아시시의 프란치스코 성인의 아름다운 노래에서 나타납니다.

"저의 주님, 찬미 받으소서.
주님의 모든 피조물과 함께,
특히 형제인 태양으로 찬미 받으소서.
태양은 낮이 되고 주님께서는 태양을 통하여
우리에게 빛을 주시나이다.
태양은 아름답고 찬란한 광채를 내며
지극히 높으신 주님의 모습을 담고 있나이다.

저의 주님, 찬미 받으소서.
누이인 달과 별들로 찬미 받으소서.
주님께서는 하늘에 달과 별들을
맑고 사랑스럽고 아름답게 지으셨나이다.

저의 주님, 찬미 받으소서.
형제인 바람과 공기로,
흐리거나 맑은 온갖 날씨로 찬미 받으소서.
주님께서는 이들을 통하여 피조물들을 길러 주시나이다.

저의 주님, 찬미 받으소서.
누이인 물로 찬미 받으소서.
물은 유용하고 겸손하며 귀하고 순결하나이다.

저의 주님, 찬미 받으소서.

형제인 불로 찬미 받으소서.

주님께서는 불로 밤을 밝혀 주시나이다.

불은 아름답고 쾌활하며 활발하고 강하나이다."

스물여덟째 날
감사의 길!

팔라스 데 레이(Palas de Rei) → 멜리데(Melide) → 아르수아(Arzúa) 29.4Km

시간이 없지만 꼭 산티아고 순례 길을 걷고 싶어 하는 사람들을 위해 최소 100Km를 걸으면 순례 증명서를 준다는 사목적인 이유 때문에, 많은 순례자가 사리아(Sarria)에 모여든다. 사리아에서 증가한 순례자들로 인해 순례 길과 숙소인 알베르게는 북적이기 시작했다. 이제 더 이상 길 위에서의 고요함과 한가함은 사라지고 숙소도 웬만한 곳은 만원이다.

생 장 피 드 포르에서 출발한 사람들과 사리아에서 순례를 시작한 사람들과의 차이점이 확연히 눈에 보였다. 생 장 피 드 포르에서 순례를 시작할 때, 순례자들은 과연 이 길을 걸을 수 있을까? 걱정과 두려움, 자신이 갖고 있는 지향과 고민으로 첫날부터 긴장감과 비장함이 함께 맴돌고 있었다. 그러나 사리아에서 출발한 순례자들에게는 긴장감과 두려움, 걱정 따위는 온데간데없이 소풍을 나선 사람들같이 흥에 겨운 모습이다.

때론 부부가 커플티를 입고 즐거워하고 있었다. 그러나 깨끗한 새 옷으로 출발한 이들 순례자들도 하루를 걷고 난 뒤 발에 물집이 생겼는지 다리를 절며 힘겨워하고 있다. 반면 말년 병장과도 같이 한 달 이상 걸어온 순례자들의 낡고 해진 옷은 고참임을 나타내는 계급장이다. 그리고 그들은 발과 다리가 길에 적응되어 힘든 기색 없이 걷고 있다.

28일 동안 750Km의 여정을 병나지 않고 걷게 해 주신 하느님, 좋은 날씨를 허락해 주셔서 쉽게 여정을 마쳐 가게 해 주신 하느님이셨다. 그리고 지친 순례자들을 정성껏 환대해 준 알베르게의 오스피탈레로(hospitalero)라 칭하는 자원봉사자들, 함께 순례 길을 걸으며 서로 배려하고 격려해 준 동료 순례자들, 순례자들에게 힘을 내라고 용기를 건네준 사람들,

내가 순례 길에 나선 이유로 솔뫼성지에서 바쁘게 지내실 신부님들과 수녀님들, 성지 가족들…,

순례 잘 다녀오라며 매일 기도하시겠다던 올리베따노 수녀회의 할머니 수녀님들, 그리고 마음으로 함께해 주신 모든 분, 무엇보다도 함께 하지만 철저히 홀로 침묵과 기도로 이 길을 동행해 주신 권진수 프란치스코 회장님, 모두에 대한 감사의 마음이 가슴속 깊은 곳에서부터 생겨나기 시작하였다.

과연 이 길을 무사히 마칠 수 있을까? 하던 의문들이, 이제 '거의 다 이루어졌다'로 바뀌고 있었다.

이틀만 더 도와주신다면! 모든 것이 내 의지대로 이루어지지 않는 길이라는 것을 알기 때문이다.

감사하는 마음이 깊이 생겼다는 것이 놀라웠다. 무엇이든 내 마음대로 될 수 있는 것이 아니라는 것을 알았기 때문일 것이다.

이 긴 여정을 함께 걸어가고 있는 사람뿐 아니라 같은 인생길을 살고 있는 사람들의 도움들이 있었기 때문이었다. 물리적으로 함께 걷고 있는 사람들뿐 아니라 마음으로 함께 걷고 있는 분들, 기도로써 함께 영적으로 걷는 분들이 있었기 때문이었다.

모든 분 덕분에 내 발은 단단해졌고, 마음은 부드러워졌으며, 영혼은 자

유를 되찾을 수 있었다.

이제 마음 한편에선 한국에 돌아가서 해야 할 일들이 떠오르기 시작한다. 한 달 이상의 공백 속에 많은 일이 있었겠지! 그러나 나 없이는 안 될 거라는 강박관념도 사라졌다. 잠시 내가 살고 있는 시간과 공간을 벗어났지만 별 탈 없이 모두가 잘 지내고 있으리라는 것을 알고 있기 때문이다. 한국에 돌아가면 다른 분들과 함께 열심히 하면 될 것이라는 믿음이 생겼기 때문이다. 더불어 두려움도 사라졌다. 이제 모든 일을 맞이할 수 있을 것 같은 자신감이 생겼기 때문이다. 교만한 생각이겠지만, '이보다 더 큰 어려움이 또 있겠는가?'라는 생각이 들기 때문이다.

어쨌든 일상에 지쳐 그 일상의 삶에서 벗어나고자 하는 마음으로 이 길을 나선 나에게 이제 여정을 마치고 제자리로 돌아가고 싶고, 할 일을 계속하고 싶은 마음이 생겼다는 것 자체가 이 길을 걸으면서 변화된 모습이었다. 이것이 가장 큰 은총일 것이다. 주어진 일들을 이제 감사한 마음으로 받아들일 수 있도록 해 준 변화, 그 부활이 나에게 시작되었다는 생각이 들었다.

"오늘도 내일도 그 다음 날도 내 길을 계속 가야 한다"(루카 13,33)는 서품 성구가 다시금 떠오른다.

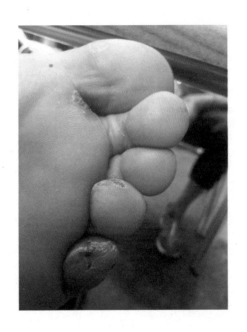

주님은 바위 위에 든든히 내 발을 세우시며,
내 걸음 힘차게 해주셨나이다.
—
성 베르나르도 아빠스의 강론에서

스물아홉째 날
"다 이루어졌다"(요한 19,30)
새로운 시작의 길!

아르수아(Arzúa) → 산타 이레네(Santa Irene) → 몬테 도 고소(Monte do Gozo) → 산티아고 데 콤포스텔라(Santiago de Compostela) 40Km

산티아고에 가까이 갈수록 '이제 다 왔다. 다 왔다'를 수없이 마음속으로 외치며, 다가온 성경 구절이 "다 이루어졌다"(요한 19,30)라는 예수님의 마지막 말씀이었다. 이제 내 안에서 다 이루어진 이 길, 그러나 예수님의 뒤를 따라 인생 전체의 순례 여정을 다 마친 후 "다 이루어졌습니다"라는 고백을 할 수 있기를 희망한다.

또한 이 인생을 다 마칠 때까지 다가올 문제들에 대해 "제 뜻이 아니라 아버지의 뜻이 이루어지게 하십시오"(루카 22,42)라는 삶의 식별 속에, 아버지의 뜻을 추구하는 모습이 되었으면 하는 바람이 오늘 이 길 위에서 이루어졌다.

이 길의 목적지인 산티아고가 가까워질수록 카미노에는 에너지가 상승하고 있었다. 그토록 오랜 시간 동안 걸어온 마음 안의 에너지가 외적으로 표출되고 있는 것이다. 어제 도착지에서도 내내 목적지 산티아고가 가까웠다는 흥분을 서로가 감추지 못하고 있었다. 고된 몸이었지만 모든 순례자의 얼굴 표정과 인사말에는 활기와 힘이 넘친다.

올라! 부엔 카미노! 무차스 그라시아스!(Muchas gracias, 정말 감사합니다)

나도 흥분되기는 마찬가지였다.

그리고 느낀 건 문명의 발달이 참 좋다는 것이다. 몇 년 전에는 이런 통신망을 생각지도 못했는데. 휴대폰을 전화기로는 사용하지 않고 사진만 찍으며 왔는데 SNS 메시지가 들어와 있었다. 교구 신자들이 오늘 밤 산티아고로 순례를 온다고 만날 수 있느냐는 문자가. '오늘 하루에 걷기에는 먼 거리인데!'라고 생각했지만 오늘이 마지막인데 한번 걸어 보자고 욕심을 내었다.

걷는 길 내내 감사 기도와 함께 그동안 걸어왔던 길들이 참으로 오래된 긴 시간처럼 펼쳐졌다. 고작 한 달도 안 된 시간인데 말이다.

우리는 그분이 우리에게 보여 주신 길,
특히 당신이 걸어가신 겸손의 길을 따라가기로 합시다.

생장피드포르에서 론세스바예스까지 피레네 산맥을, 비와 안개, 구름 속에서 보이지도 않던 앞을 향해 무작정 걷던 모습과 모든 것이 비에 젖어 앉아서 쉴 곳조차 없이 막막히 걸은 날, 언제 마칠 수 있을까?

론세스바예스에 초주검이 되어 저녁에나 도착했는데, 길거리에 있던 790Km가 남았다는 도로 이정표를 보고 한숨을 내쉬었던 일. 메세타 대평원의 끝없이 펼쳐진 밀밭 길을 3일 내내 그늘 한 점 없이 걸었던 모습, 영혼의 황무지 같던 사막 같던 길에서 발견한 자연의 위대함과 창조주의 무한함, 레온 산맥을 넘는 한 주간의 산속 길에서 오르막 내리막길을 계속 걸으며 생각했던 인생의 다양한 일들….

어떻게 이 모든 일이 내 안에서 이루어질 수 있었단 말인가!
그저 감사할 뿐이었다.
이런저런 생각 속에 30Km를 걸어왔는데 안내 책자에 있는 거리와 길에 표시되어 있는 거리가 달랐다. 남은 길을 안내하는 표지는 산티아고 입구까지를 알려 주는 이정표였던 것이다. 10Km 정도 더 남았다고 하니, 한숨이 절로 나왔다. 그러나 목표가 눈앞에 있으니 여기서 멈출 수는 없었다. 아침부터 걸어 오후 5시가 되어서야 드디어 산티아고 대성당(Catedral de Santiago de Compostela)에 도착할 수 있었다. 6시에 순례자 사무실에서 순례자 증명서를 받고 숙소를 찾았다.

오늘은 빨래할 힘도 없다. 내일은 걷지 않아도 되니 빨래는 필요 없다. 그저 쉬고 싶을 뿐이었다.

샤워를 하고 나니 조금 살 것 같았다. 이곳에서 배운 것 중의 하나가 물을 주어야 식물이 살아나듯 파김치가 된 사람의 몸에도 물을 주어야 살아난다는 것이다.

저녁 식사로 산티아고 도착을 자축했지만 피곤이 이루 말할 수가 없었다. 도시는 흥분의 분위기가 감돌고 있었다. 7월 25일이 야고보 사도의 축일이기에 오늘부터 산티아고 도시 전체가 축제의 시작이란다. 어쨌든 오늘은 이것으로 모든 것을 마치겠다는 생각으로 잠자리에 들었는데, 밤 10시가 되자 SNS 메시지로 한국 순례자들에게 연락이 왔다. 먼 타국에서 만나자는 이야기를 거절할 수 없어 잠시 만나고 돌아오니 밤 1시가 되어 있었다. 오늘 산티아고, 야고보 사도의 무덤이 있는 이 도시, 나의 잠자리는 나의 무덤이었다.

살세다(Salceda) 숲길에 있는
기예르모 와트의 기념석을 지나며…

산티아고를 25Km 앞두고, 목숨을 잃은 순례자 기예르모 와트(guillermowatt, 순례자 1993년 8월 25일 69세에 하늘의 품에 들다)의 기념석을 순례자들은 만나게 된다. 순례자들은 그곳에 작은 돌이나 들꽃으로 먼저 하늘나라에 오른, 이제는 영원한 순례자가 된 그분을 위해 기도하거나 추모하고 있다.

산티아고를 향해·출발하는 첫날의 피레네 산맥에서부터, 곳곳에 순례자들의 죽음을 기념하는 십자가와 기념석들이 있다. 특히 이분은 산티아고를 눈앞에 둔 지점에서 유명을 달리하였기에 순례자들의 마음을 짠하게 하고 있었다.

이런 마음이 모두에게 똑같이 전해지기에, 그분의 일생을 한마디로 '순례자 기예르모 와트'라는 이름으로 조개껍데기와 함께 기념비를 장식하고 있었다. 그리고 그 옆에는 그의 신발을 똑같이 브론즈로 만들어 놓았다. 하늘나라를 향한 그의 영원한 신발은 이제 떨어지지 않는 청동 신발이 된 것이다.

이러한 선배 순례자들의 죽음은, 우리에게 무엇을 알려 주는 사인(sign)일까? 하느님을 향한 인생 전체가 순례의 여정이며, 단지 시간 차이만 있다는 진리를 알려 주고자 하는 것이 아닐까? 우리 인생 자체가 순례이기에 '먼저냐 다음이냐'의 차이는 아무 문제가 되지 않을 것이다. 단지, '하느님을 향했느냐? 세속이 주는 것만을 추구했느냐?'의 문제일 것이다. 다시 한 번 이 길을 걷다가 세상을 떠난 순례자들의 영혼이 하느님 나라에서, 지상의 순례 여정을 계속하고 있는, 지

상의 순례자들을 위해 전구해 주시길 빌었다.

지상의 순례 여정을 계속하고 있는 우리들은 이제 어떻게 살아야 하는가? 산티아고라는 목적지에는 다 와 가는데, 앞으로 어떻게 살아야 하는가? 문제로, 마무리 길을 정리해 보았다.

성경에 나오는 라자로가 생각이 났다. 라자로는 육체적 죽음의 시간에서 다시 살아난, 지상에서의 부활을 체험한 이후, 그리스도를 위해 평생을 사신 분이었고, 마침내 영원한 하늘나라로 진정한 부활을 이룬 분이셨다.

이 모습을 묵상해 보면,

이곳 산티아고 길을 걸으면서 무의미하게 살아온 삶의 모습에 새로운 의미를 가질 수 있게 되었고, 절망적인 모습으로 터덜터덜 걷던 사람에게 새로운 희망의 발걸음을 갖게 해 주었고, 동료들에게 무감각했던 사람에게 감사한 마음을 갖게 해 주었고, 일상에 지친 사람들에게 새로운 의욕을 불러일으켜 주었고,

우리 삶에 죽어 있던 시간을 이제는 살아 있는 시간으로, 새로운 삶을 살겠다는 의지와 각오, 결심을 갖게 한 길이었다.

그렇기에, 이 길은 바로 변화의 길, 부활의 길이 틀림없었다.

모든 순례자는 이제 라자로와 같은 육체적인 소생의 부활을 체험하면서, 이곳에서 먼저 하늘나라로 영원히 부활하신 선배 순례자가 남긴 인생의 사인(sign)을 배우게 되었다고 감히 말할 수 있겠다.

이제 이 길은 끝이 아니라
새로운 시작을 알리는 길이 되고 있었다.

길 끝에 서다!

순례를 마치고

마지막 세레모니,
산티아고 대성당에서!

오늘의 마지막 의식이 남아 있다는 것을 감지하며 몸을 일으켰다. 오늘 산티아고 대성당에서 순례자들을 위한 미사가 낮 12시에 봉헌되기 때문이다. 이 미사로 30일 간의 순례 일정을 마무리하겠다는 계획이 이루어지고 있었다. 이제 그 순간이 다가오고 있는 것이다. 그러나 어제 무리한 내 몸이 잘 일으켜지질 않았다. 그럼에도 오늘은 걷지 않아도 된다는 안도감과, 매일 새벽에 일어나 걸었던 습관 속에서 몸은 자동으로 잠에서 깨어났다. 이상한 감정이 교차되었다.

　이제 다 도착했다는 것이 실감나지 않았다.
　처음으로 아침을 편안히 앉아서 먹고 산티아고 대성당을 향해 일찍 숙소를 나섰다.

무거운 짐, 겸허한 마음.
양순하고 겸허하게 행동하면 죄의 뿌리를 근절할 수 있습니다.

이곳저곳 골목길들을 통해 순례자들은 산티아고 대성당 앞 광장으로 속속 모여들고 있었다. 성당 앞 광장에는 배낭을 베개 삼아 산티아고 대성당을 바라보며 지친 몸을 달래는 사람들이 있는가 하면, 감격에 겨워 눈물을 흘리는 사람, 무사히 이 자리에 함께 온 동료들을 껴안고 환호하는 사람 등, 순례자들만이 느낄 수 있는 감동의 물결들이 너울대고 있었다.

성당에 들어가 야고보 사도의 무덤을 참배했다. 12시 순례자 미사에는 성당이 폭발할 정도로 수많은 순례자가 참례하고 있었다. 하루 공식적인 미사가 5대이고, 각 나라별로 작은 경당에서 각국의 언어로 하는 미사도 있는데, 12시 순례자들을 위한 미사에 1,000명이 훨씬 넘는 순례자들과 여러 신부가 참여하는 대미사가 봉헌되었다.

야고보 사도의 세상을 향한 열정이 천 년이 지난 지금에도 세상 사람들을 불러 모으고 있다는 그 자체가 기적이었다. 예수 그리스도께서 야고보 사도를 통해 새로운 기적을 계속 창출하고 계심을 알 수 있었다. 감사의 기도가 절로 나왔고 우리 모든 순례자의 기도는 향의 연기처럼 하늘을 향해 오르고 있었다. 순례자들의 발걸음을 인도해 주신 주님께 대한 감사의 마음이 많은 사람의 힘차고도 화음을 맞춘 성가로 울려 퍼졌다. 더불어 순례자들의 땀 냄새를 제거하고 병의 질환이 확산되는 것을 막기 위해 피웠던 분향이, 이제는 기도의 향 연기가 되어 성당 저 위로 위로 하늘로 오르는 모습은 모든 순례자의 눈에 눈물이 가득 고이게 하고 마침내 흘러내리게 했다.

새로운 결심을 해 본다. 산티아고 길을 걸으면서 매일 육체의 목마름을 느꼈고 이를 채우기 위해 물과 음료를 찾았다. 이런 육체적 목마름에 헤매던 나에게 마지막 순간까지 영적 갈증으로, 구원에 대한 영적 갈증으로 "목마르다"(요한 19,28) 하신 예수님의 모습을 따라 매일매일 일상에서 하루의 일과가 "다 이루어졌다"(요한 19,30)라는 고백이 일어나길 노력하겠다는 것이다.

이런 예수님의 기도가 내 삶에서 이루어져 언젠가는 내 인생의 완전한 순례를 마칠 때, 예수님처럼 "아버지, '제 영을 아버지 손에 맡깁니다'"(루카 23,46)라는 기도로 진정한 순례를 마치기를 희망하며 미사를 봉헌하였다.

땅끝 마을 피니스테레
Finisterre

피니스테레(Finisterre, 땅끝 마을)는 옛날 로마 시대의 지도로 볼 때 세상 끝이라 생각한 곳이다. 사실 오늘날 경도 상의 세상 끝은 포르투갈의 카보 다 로카(Cabo da Roca)다.

신앙인에게는 산티아고 대성당의 성 야고보가 묻힌 곳이 순례의 목적지다. 오늘날 이 산티아고 순례 길은 가톨릭 신앙을 넘어서 자신의 정체성을 찾고자 수많은 사람이 문명과 종교를 뛰어넘어 찾고 있는 장소가 되었다. 또한 젊은이들에게는 관용과 배려, 참을성과 용서를 배울 수 있는 길이기에 교육의 한 과정으로 여기기도 하는 길이다.

이 길을 걸으면서 참으로 놀라운 점, '어떻게 기도하지 않으면서 걸을 수 있지?'라는 의문이었다.

사실 나는 잘 걸을 수 있는 신체 조건도 아니고 발도 못생겨서 그런지 쉽게 물집이 잡혀, 매번 짧은 코스의 산행과 도보 성지 순례를 하더라도 발바닥에 물집이 생겨 고생하는 사람 중 하나다. 이 길을 완주하는 데 성모님께 드리는 묵주 기도는 크나큰 도움이요 은신처가 되었다. 사실 이러한 기도가 없었다면 나는 이 길을 다 완주하지도 못했을 것이다. 그런데 신앙이 없는 젊은이들이 이 길을 걷는 모습들을 보면서 놀랍기 그지없었다. 오히려 신앙

위대한 선물을 얻으려고 지음 받고 부름 받은 영혼들이여,
그대들은 무엇을 하고 있으며, 어디에다 마음을 쓰고 있습니까?
—

십자가의 성 요한 사제 영적 찬가 중에서

을 가진 나보다 정신력이 월등 뛰어나다고밖에 할 수 없었다.

그런데 신앙적 목적이 없어서 그런지, 혹은 산티아고라는 목적지가 성에 차지 않은지 그들은 세상 끝을 향해 나아가고 있었다.

세상의 끝을 보겠다는 것일까?

갈 데까지 가 보자는 것일까?

육지의 끝, 바다가 시작되는 곳, 더 이상은 걸어서 갈 수 없는 곳까지 가겠다는 그들의 열정을 막을 수는 없었다. 그들은 산티아고에서 88Km를 더 걸어 피니스테레까지 가고 있었다.

그리고 마침내 더 이상 걸어서는 갈 수 없는 땅끝에 이르러 무슨 결심이라도 하듯, 산불을 예방하기 위해 '불을 피우지 말라'는 경고문을 무시한 채, 그들이 입고 온 옷과 신발, 사연들을 기록한 종이 편지들을 태우고 있었다. 어쨌든 새로운 또 하나의 시작을 결심하는 자신만의 의식을 하고 있는 것이었다. 끝, 무엇이 끝인가? 물리적으로 더 이상 갈 수 없다는 것을 의미하는 것일까? 아니면 더 이상의 고민과 방황은 없다는 것일까? 새로운 삶에 대한 출발지로서의 종지부인가?

어쨌든 젊은이들이 무언가를 태우고 있는 의식 이면에는 과거의 것들을 없애버리고 잊어버리고, 새로운 어떤 삶을 살고자 출발하는 결심이 있음에는 틀림없어 보였다.

또한 저녁노을을 망연히 바라보고 있는 사람들은 새로운 인생 순례의 청사진을 그리고 있는 듯하기도 하였다. 그리하여 피니스테레는 끝이 아니라 새로운 시작임을 알리는 장소가 되고 있었다. 새로운 시작이었다.

끝!

헛된 욕망 속에서의 실수,

잘못된 인생살이,

의미 없고 죽어 있던 시간들,

이 모든 것을 불사르고 새로움을 약속하는

인간 내면세계가 저녁노을 속에 불타오르고 있었다.

순례 여정을 마친 사람만이 느낄 수 있는 희열이 불타오르고 있는 곳이었다.

이제 우리 모두는 아쉬움을 뒤로하고 각자의 삶의 자리로 돌아가야 할 시간이 다가왔다는 것을 알고 있었다. 목적지에 무사히 왔다는 기쁨과 이제는 헤어져야 한다는 슬픔이 십자가처럼 교차하는 곳. 그러나 목적지에 도착한 사람들의 내면에는 깊은 성취감과 이제는 헤어져도 또 다른 삶을 살 수 있다는 자신감이 함께 있기에 서로에게 깊은 포옹을 해 줄 수 있었다. 그러나 아쉬움을 이길 수 있는 더 큰 힘은 아마 '이제 어떻게 살아야 한다'는 깨달음을 가지고 돌아갈 수 있다는 것이리라.

예수님의 제자들이 주님의 수난과 죽음, 부활의 의미를 깨닫고 성령을 받은 후, 서로 다른 자리에서 주님의 사랑을 죽을 때까지 전하며 온 세상 곳곳에서 복음을 전파하였듯이 말이다.

이제 몇몇을 제외하고, 대부분의 순례자는 자신의 생애 전 기간 동안, 못 만날 사람들임을 알고 있다. 그러나 여기에서 함께 걸었던 카미노는 서로서로가 자신의 삶의 자리에서 평생을 잊지 못할 인생길로 펼쳐질 것임을 믿는다.

예수님이 최후 만찬에서 제자들에게 하신 말씀이 떠오른다.

"기억하여 행하여라!"(루카 22,19 참조)

네 눈을 들어 세계를 두루 응시해 보라. 땅 극변에까지 퍼져 있는 네 유산을 바라보라.
"하늘들 위에, 하느님, 나타나소서. 온 땅에 빛나소서. 당신의 영광."
—
　　성 아우구스티노 주교의 말씀 중에서

에필로그

내 영혼 당신을 노래하여
잠잠치 말라 하심이니
내 주 하느님이여
영원히 당신을 찬미하오리다.

시편 30,13

집에
돌아와서

산티아고 순례 길을 마치고 집에 돌아온 나에게 사람들은 다음과 같은 질문들을 한다. 많은 질문의 요지는 외적인 요소에서 시작하여 내적인 문제로 접어든다.

"800Km나 되는 그 먼 순례 길을 한 구간도 빠짐없이 두 번이나 다 걸었어요? 어떻게 가야 해요? 그 길은 어떤 길인가요? 어떤 사람들이 그 길을 걷지요? 어느 계절에 가야 좋은가요? 언어 장벽은 없었나요? 음식은요? 잠자리는요? 왜 그 길을 걷게 되었지요? 그 길을 걷고 난 후 어떤 변화를 겪게 되었나요? 순례를 마치고 와서 달라진 점은 무엇인가요?" 등등이다.

특히 "그곳을 다녀온 후 무엇이 달려졌는가?" 하는 질문을 많이 한다.

그러나 나는 특별히 달라진 것이 없다. 물론 외적으로는 체중이 많이 감량되었다. 그래서 사람들은 "날씬해져서 보기 좋으니, 잘 유지하면 좋겠어요. 건강이 좋아 보여요"라고 이야기를 한다. 그러면서 중요한 변화가 있다면 말해 달라고 한다. '무엇이 변화된 내 모습일까?' 나도 이 글을 정리하며 스스로에게 묻는다. 카미노를 걸으면서 편리한 삶에 익숙해진 약하고 비대했던 몸이 좀 더 강해지고 군살이 빠지는 육체의 변화가 왔는데, 몸은 또다시 일상생활에서 하루하루 좀먹듯이 부풀어 오르고 있다. 이래서는 안 되는데 하면서도 말이다. 그러나 자주 걷고자 노력하고 있으며, 타인을 위해서라도 내 건강을 지켜야 함은 늘 생각하고 있다.

또 다른 변화란 삶의 소소한 일들에 감사하고 있다는 것이다. 굶지 않고 먹을 수 있다는 것에, 나 홀로 편히 잘 수 있는 방이 있다는 것에 늘 웃음이 절로 나고, 내가 일상생활에 필요한 것들(커피포트, 컴퓨터, 전화, 옷, 신발 등등)이 가까이 있어 할 수 있는 일들을 할 수 있다는 것이 기쁘다.

그리고 성지에서 매일 기도할 수 있는 여건이 된다는 것도 좋고, 산책을 하면서 묵주 기도를 하는 것도 좋고, 청소하는 것도 좋고, 모든 것을 예전보다는 더 긍정적으로 기쁘게 받아들일 수 있게 되었다.

아무튼 내 변화는 다른 사람들이 볼 수 없는 나의 내부에서 시작되고 있다. 다른 사람이 볼 때는 어떨지 모르겠지만 바쁨도 없어졌고 느림도 없어졌다. 단지 중요한 일들과 결정은 언제 내리고 어떻게 해야 하는지가 나에게는 관건일 뿐이다. 올바른 것인가 아닌가에 대한 식별력을 갖는 것이 인생의 가장 중요한 문제라는 것뿐이다.

끝으로 떠남의 삶이 주는 자유를 만끽하며 살기를 바랄 뿐이다. 시간의 변화 속에 다가오는 내 육체적 변화를 받아들이는 자유, 시간의 흐름 속에 변화되고 다가오는 내 정신적이고 영적인 변화를 꿈꾸며 받아들이는 자유를 살고 싶다. 이 변화의 흐름이 멈추면 떠날 것이다. 흐름을 위해서 말이다.

나는 자유로이 하느님을 선택한 순례자이며, 나의 인생 여정은 하느님을 찾아 나서는 순례자의 길이다.

감사의 마음을 담아

두 번의 산티아고 순례가 내 영적 성장에 많은 도움이 되고 값진 순례가 되었듯이, 독자들에게도 도움이 되면 좋겠다는 생각에 감히 이 책을 내게 되었습니다.

아직도 턱없이 부족한 저를 늘 당신과 이웃에게로 이끄시고, 산티아고 순례라는 거룩한 체험을 하게 해 주신 주님께 무엇보다도 먼저 찬미와 감사를 드립니다.

그리고 자칫 내 개인 순례기로 사장될 글과 사진을 모아 책으로 발간하게끔 도움을 주신 하양인 출판사 이종복(베로니카) 이사와 김선여(가타리나) 편집자에게 감사를 드립니다.

이 순례기를 책으로 엮고 난 후, 5년 전 산티아고 길에서 만난 김보나 양을 다시 만나게 됨도 기쁨이었습니다. 보나는 이 길을 네 차례나 걸었으며, 이 길을 소재로 홍콩에서 박사학위까지 받고 귀국한 때였습니다. 산티아고 순례길이 인생을 바꾼 모습을 증언해 주고 있는 모습에 놀랍기 그지없습니다.

또한 두 번째 순례 길을 침묵과 기도로 동행해 주신 권진수(프란치스코) 회장님께도 감사드립니다.

마지막으로 이 글을 읽고 기꺼이 서문을 써 주신 유흥식(라자로) 주교님과 프란치스코 교황님 덕분에 솔뫼 성지에서 만나게 된 추천사를 써주신 제병영(가브리엘) 신부님, 박재만(타대오) 신부님, 연기자 채시라(클로틸다) 님과 이 책을 읽어 주실 모든 독자님께 진심으로 감사 인사를 전합니다.

솔뫼 성지
이용호 바오로 신부의
산티아고 순례

나는
가야만
한다.
오늘도
내일도
그다음 날도

Nihil Obstat
Rev. Hilarius Kim
Daejeon, die 16 Nov. 2015

IMPRIMATUR
+Episcopus Daejeonensis Lazzaro You
Daejeon, die 16 Nov. 2015

초판 1판 1쇄 인쇄 2016년 1월 1일(천주의 성모마리아 대 축일)

　　　1판 8쇄 인쇄 2020년 3월 2일

저자 이용호

디자인 디―어거스트 www.au8ust.co.kr

펴낸이 이희경

총괄이사 이종복

펴낸 곳 하양인

주소 (06157) 서울특별시 강남구 삼성로 95길6(삼성동) 삼혜빌딩 401호

전화 02-714-5383 / 팩스 02-718-5844

이메일 hayangin@naver.com

블로그 http://blog.naver.com/hayangin

출판신고 2013년 4월 8일(제300-2013-40호)

ISBN 979-11-955003-0-7(03980)